U0181813

书 · 美好生活
Book & Life

书，当然要每日读。

舒适的家·自在的你

心地いいわが家のつくリ方02好きから始めるインテリア

[日] 主妇之友社 编　　苍绫 译

北京时代华文书局

FURNITURE

家 具

舒适的家里有

中意的『家具』

家具能带给人幸福。——丹麦设计师　布吉·莫根森

　　家中摆着喜欢的家具，看到就会被它们美丽的样子吸引，触摸就能感到满足。那些光是存在就令人高兴的家具，拥有振奋人心的力量。

舒适的家里有

珍爱的『日用品』

正因为是每天都要用的东西，才更要选满意的设计和品质。感受偶然发掘到珍物的幸福，和它们相处，以物为托，发掘自己的眼力和内心。越用越熟，爱不释手。

OLD THINGS

旧　物

舒适的家里有

藏满回忆的『旧物』

　　只要上了年头，不论什么东西都会有斑点、伤痕和污渍。即便如此，这些横渡大海、跨越时空，在许多人手上流转保留至今的往昔之物拥有经历岁月的独特魅力。充满古旧之味的家里，流淌着开阔豁达的气息。

PLANTS AND FLOWERS

植物和鲜花

治愈身心的『花花草草』

舒适的家里有

　　装满植物的家，身处屋内，就能体会到季节流转。就算没有花瓶，也可以用食器、玻璃瓶等身边的器皿来插花，看着它们、照顾它们、守护它们的一天天里，屋内的空气也变得清新起来。

MEMORIES

回 忆

舒适的家里有

家人的『回忆』

因为家人喜欢而选择的东西，就算是最初看起来不协调，日日相伴，也渐渐变得可爱起来。混合着各自的偏好和个性，彼此熟悉起来，成为家里融为一体的装饰。带着岁月回忆的家,总感觉更舒适。

目 录

C O N T E N T S

A
Nice Homey Scent
Makes
Everyone
Feel Welcome.

舒 适 的 居 家 氛 围 令 人 身 心 愉 悦

起居室的墙角，做成了一块小小的画廊展示空间。三十多年前的英国旧地图、装裱的法国报纸、室内装饰相关的外文书籍和大棵的伞榕摆在一起。古旧的印刷物只要加上装裱框，就成为艺术品。

山本家
旧物之美

□ APARTMENT（公寓）
□ SEPARATE（独栋）

面积：108.0 ㎡　　户型：4LDK①
建筑年限：38 年
人口：3　　　　　坐标：大阪

① L：Living Room；D：Dining Room；K：Kitchen，4LDK 即
4 间卧室、1 间起居室、1 间饭厅、1 间厨房的格局。

经历岁月洗礼，
让人感受到旧家具的风格和质感。
被旧物包围，
反而有让人面向未来的勇气。

个人档案

山本淳先生与友人一起经营复古家具店
SHABBY'S MARKETPLACE。与太太真贵子、
儿子莲（一岁）住在 4LDK 的公寓里。

我喜欢……

尽力去发现自己喜欢的东西，拥有梦想
地活下去。

意大利玛尼木工艺杂志架

这是山本先生上小学时，祖母送给他的
礼物。自那以后，无论身在何处，这个
杂志架都像空气一样陪在他身旁。因为
它毫无冗余、简洁实用的设计，山本家
至今还在使用。

DOUBLEDAY

Ⓓ DOUBLEDAY

是山本先生从小就常去逛，后来又在那
儿工作过的商店。在那里，他学到了许
多关于室内装饰的知识，加深了兴趣；
还在那里遇到了敬为师父的人、共同经
营商店的合伙人，还有他的妻子。

阿科尔儿童椅

因为设计非常符合山本先生的喜好，这
把椅子成了他的最爱。在山本家这不是
一把单纯的椅子，只要摆上植物或杂货
装饰，就能成为一幅画，可以装点空间。
山本先生说："我早就等不及让儿子使
用它了。"

G Plan 圆桌

很早的时候，山本先生想着等有了自己
的房子，一定要在家里摆一张 G Plan
的桌子，曾经同为同事的妻子也这么想，
所以新家的桌子毫不犹豫地选择了这张。

杰克·约翰逊的唱片

阳光明媚的早晨，山本夫妇喜欢坐在沙
发上，一边喝咖啡一边听杰克·约翰逊
的唱片。原声的轻摇滚乐与山本家中古
家具的风格相得益彰。

饭厅

与 G Plan 的桌子相配的丹麦椅子同样是中古家具。为了强调家具的存在感，和素色的樱桃木地板更相衬，桌子选择了浓色系的柚木材质。法国橡胶树和亚马孙橄榄等绿色植物在窗边长得生机勃勃。

在京都的"70B 古董家具店"一眼看中的柚木餐具柜是 20 世纪 60 年代的英国制品。柜面上装饰着欢迎板和古旧的裁剪机，柜子里收纳着书本和文具。

为了不让小孩碰到，植物放在阿科尔椅子和中古皮箱上，充满韵味的旧物和舒畅伸展的植物相映成趣。

起居室

1. 长桌和作为电视柜的厨房手推车都是伸缩式的丹麦中古品。沙发是从"Living House"买的，波斯绒毯来自宜家。

2. 带抽屉的小桌子是 2016 年山本先生因为被它的沉静气质所吸引而买下的，上面放着作为鞋拔子使用的柚木小鸟工艺品和孩子的鞋。

3. 毛毯卷起来放到竹编筐里。

1. 在厨房的墙面上装了收纳柜。为了与顶板和柜门的颜色统一，厨具、餐具基本都是银色和白色的。
2. 山本夫妇收藏的英国等国家产的欧式中古器皿。
3. 玄关装饰着莫里斯·科尼利斯·埃舍尔[①]的石版画和阿科尔的儿童椅。
4. 安恩·雅各布森[②]的"7 号椅""蚂蚁椅"等椅子依次摆在窗边。

只要被喜欢的东西包围，就觉得身心满足

走进房间，饭厅中央的中古柚木桌子格外引人注目，这是山本夫妇三年前结婚时购置的家具之一。

淳先生说："在确定房子之前，我们就看中了这张桌子，所以我们选择房子的条件是这张桌子放在里面能不能合适——我们俩就是这么喜欢它。中意圆形桌子不仅是因为桌上的东西不论怎么放都好拿，就算有很多人围在桌旁，也能看清楚大家的脸，这点很棒。

最初两人想买二手公寓自己装修，后来遇上了这间由建筑设计公司"Gravity"翻新修建的公寓，虽然建筑年限超过三十年，但地段、户型、内装都很理想，于是夫妇俩最终买下了这间公寓。在这个由纯白的墙面和素色的樱桃木地板组成的简洁空间里，两人仔细挑选的家具和杂货一点点融入其中，共同呼吸。

现在，淳先生和朋友一起经营中古家具店。从在服装专门学校学习时

①莫里斯·科尼利斯·埃舍尔（1898—1972），荷兰画家，其作品特征在于利用空间扭曲与正负形转化造成视错觉。

②安恩·雅各布森（1902—1971），丹麦设计师，毕业于哥本哈根皇家艺术学院，获丹麦工业设计奖。代表作：天鹅椅、蛋椅等。

起，他就对室内装饰很感兴趣，经常参考杂志，给自己老家的房间改换模样：把壁柜的纸拉门卸掉、挂上拉帘，揭下壁纸、把墙涂成嫩草色和淡黄色。毕业后，淳先生先进入了服装店，之后转职到室内装饰商店，愈加被室内装饰的魅力所吸引。

淳先生工作过的商店经营各种各样的家具和杂货，他在那里与不论产地、年代和品牌的古旧物品朝夕相处，对室内装饰的兴趣被进一步激发了。他在店里买的第一件家具是安恩·雅各布森的"系列7号椅"，也是因为这把椅子他才开始着迷于中古家具。

淳先生挑选东西的准则是"先看设计感，再看实用性"。今天淳先生已经拥有了自己的店，去海外采购的机会也增加了。那些他"不知不觉就买下了"的椅子不仅在外观设计上充满魅力，在实用性上除了供人就座，还可以作为展示台，不论放在哪里都能发挥作用。结婚前，淳先生大概有十多把椅子，有一些寄存在老家和朋友那里，开始在这个家居住后就渐渐拿回来了。曾经质问"谁来坐这么多椅子？"的妻子真贵子，也笑着说自己已经习惯并且渐渐喜欢上它们了。

中古的柚木家具是两个人共同的心头好。夫妻俩喜欢柚木美丽的木纹肌理和温暖的配色，于是在房间里摆放了许多柚木家具。

旧物有在新品上找不到的伤痕，正是这些凹凸、锈迹和油漆剥落的痕迹让人感受到历经岁月的风韵和材料质感的魅力。而且，它们中还有很多是现代工业产品的原型。拥有曾经的古旧好物，能带来"拥有真东西"的充实感和满足感。

淳先生说："只要被喜欢的东西包围，就觉得身心满足。人一待在这种地方，心就会静下来。"回家后，把灯光稍微调暗，听着喜欢的音乐在沙发上放松伸展，情绪会变得平和。

去年儿子小莲出生，夫妻俩的生活节奏随之改变。在可以悠闲度过的早晨，两人喜欢坐在饭桌边，喝着淳先生泡的咖啡，从忙碌的生活里歇一口气。与家人和依恋的家具共同度过的时光，给予山本一家每天的活力。

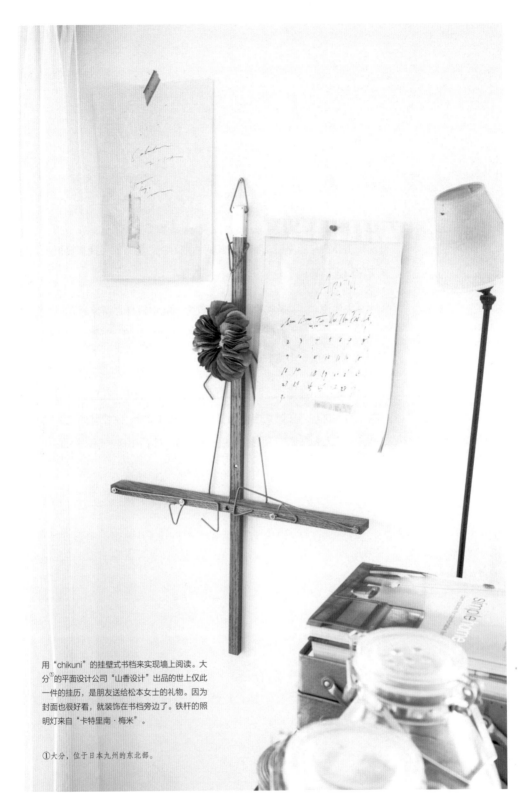

用"chikuni"的挂壁式书档来实现墙上阅读。大
分①的平面设计公司"山香设计"出品的世上仅此
一件的挂历,是朋友送给松本女士的礼物。因为
封面也很好看,就装饰在书档旁边了。铁杆的照
明灯来自"卡特里南·梅米"。

①大分,位于日本九州的东北部。

02

松本家
花花草草，杯杯盏盏

□ APARTMENT（公寓）
□ SEPARATE（独栋）

面积：87.5 ㎡　　户型：2LDK
建筑年限：28 年
人口：3　　　　坐标：京都

在白与灰整齐排布的
简洁空间里，
柔软的植物和木制家具的搭配
格外使人安心。

个人档案

松本恭枝女士经营一家鲜花店"griotte"，她将公寓翻新，与丈夫和儿子（八岁）三人住在一起。

我喜欢……

为了每天都能有好心情，
把喜欢的东西都收进家里来。

高桥郁代女士

花店"露·贝斯贝"前店主，可以说是松本女士师父一样的存在。"如果没有遇上她的话，也就没有现在的我。不仅仅是花，方方面面我都受到她的影响，她是我憧憬的对象。"松本女士这样说。

花花草草

生活不能没有花。不论是怎样的空间，有没有植物，给人的感觉完全不同。就算只有一朵花、一枝叶，也是松本家的必需品。

大木桌

松本女士十分喜欢这个 210cm×100cm 的大木桌，她笑着说："也许是来自娘家的影响，结婚前我家的饭桌就很大。"桌子不仅仅是用来吃饭的，更是给大家提供聚在一起的场所，是一个家的中心家具。

三谷龙二先生的器皿

在三谷先生尚未成名的时候，松本女士就注意到他的作品并开始收集。三谷先生做的黄油盒子、木制盘子等，直到今天还在被松本一家爱惜地使用着。

篮子

松本女士从过去就很喜欢不同国家各个时代的篮子，作为室内的装饰品，或是用来收纳都很好。松本家食品库的收纳就是用篮子实现的。

饭厅

饭厅的窗户朝南、朝西开着，松本家把原本的起居室、厨房、饭厅、和式房间和西洋式房间的墙打通，获得了一个近 50 ㎡、集厨房和饭厅功能于一体的空间。210cm×100cm 的橡木桌子是从京都的家具工作室"树轮舍"定制的。照明灯是汉斯·瓦格纳[1]的吊灯。

[1]汉斯·瓦格纳（1914—2007），生于丹麦，室内家具设计师。

厨房

1. 开放式操作台和置物架上放的杯盘器皿以素色和玻璃材质为主，清清爽爽。

2. 烹饪台配合松本太太的身高，高度定在 90cm。为了遮挡做饭时的动作，把烹饪台外部加高到 120cm。食品库里的篮子和玻璃容器分开摆放，秩序井然。

起居室 & 饭厅

1. 灰泥浆的吧台与温柔的绣球花相映成趣。

2. "The ConranShop"的沙发是孩子的游乐场，大人可以坐在上面看书。因为在吃饭时不想看电视，于是把电视放在卧室里。

1. 装饰柜是以李氏朝鲜的柜子为灵感，由京都的古董店 "Masa" 原创制作。
2. 长年爱用的边柜购自 "TRUCK"，把花器、水壶等玻璃器皿摆放在上面，很有生活感。
3. 玄关摆着日本古旧式手推车和白色的木制椅子。
4. 洗面区也以白和灰为基调，使用篮子增添自然的气息。

CASE 02　　松本家

改造家的外表，表达我们内心的空间

经营鲜花店的松本女士，梦想着把家变成一座植物园，把自己变成一个行走的植物图谱。松本家四处散落着应季的植物。植物可以让空间里的氛围温柔起来，所以一年四季都少不了。如果房间里没有花，就用在阳台种植的绿植来装饰。辻和美女士的玻璃瓶或是古董瓶，都是松本女士喜欢的花器，用它们来插应季的植物再合适不过。因为在工作中已经接触了很多五颜六色的鲜花，所以她在自己家里更喜欢用素净的白色花来装饰。

不摆观叶植物，是松本家的特色。"我想强调室内外一致的季节感。如果是观叶植物，虽然在冬天也能生机勃勃，但是窗外的树木并不是这样。在屋内，冬天就想装饰叶片变红的树枝或果实，初夏则喜欢水灵新鲜的嫩绿植物。"松本女士这样说。

松本女士在经营花店之前在杂货店工作，不知不觉养成了"恋物癖"，对器物的热爱甚至到了"连自己都觉得要腻了"的程度。把中意的器具洗净擦干、用油涂抹木器，慢慢地，托盘泛起了暗光。这种光芒仿佛来自百年老树的内心，并渐渐扩散成充满整个器具的光。松本女士说自己能从这样的过程中感受到幸福。

　　这样的松本女士，在 2015 年购入了建筑年限超过二十年的公寓并翻新修建。她这样形容自己选择房子的偏好："我喜欢简单的直线条户型布局，像长方体箱子那样的房间是最好的，我能够在里面按自己的喜好摆放家具。"

　　设计和施工委托的是松本女士熟悉的"NADA"公司（曾负责鲜花店的内装）。把 4LDK 的墙打通改为 2LDK，客厅改装为两面采光。内装的配色是在白色和原木色的组合上配以灰色，不过分甜美，给人成熟稳重的印象。如果连墙也涂成灰色就会显得过分压抑，于是把厨房吧台涂上灰泥，完成后空间显得十分洋气。

　　吧台前面摆放着因为喜欢而收集来的古旧木家具和自然材质的杂货，和家里的基调十分相称，是松本女士的得意之作。

　　喜欢料理和器具的松本女士在建造房子时，最花心思的部分是厨房。适合家人、朋友聊天的对面式布局扩大了厨房空间。为了显得清爽干净，门、柜子和瓷砖选用白色面板，桌面用不锈钢板，简洁朴素又时尚大方。

　　厨房还建造了能够将所有食器和厨具收纳起来的固定收纳柜。厨房里面的食品库只要关上拉门，就是一面白墙。食品库里面留出专门放冰箱的位置，占地方的冰箱就这样被巧妙地隐藏了起来。

为了空间的整体性，器皿的颜色也要讲究配合。五颜六色的东西很快就会腻了，也与家里的基调不相称，于是松本女士选择黑、白、灰、茶色为主的器皿。

米莱的洗碗机、赫尔曼的炉灶……长年被渴望的用具填满的厨房，是松本女士对自家最中意的区域。她说："兴趣相投的几个朋友每月会来家里一次，各自带来自己做的料理，边吃边聊，非常愉快。她们的眼光都很好，也很擅长做饭，大家彼此交流能给我新鲜的刺激和灵感。"

与重要的人围坐在饭桌前的时间，是人生的基本。与家人、朋友热热闹闹地共度的时光，喜悦地诉说生活的故事，对松本女士来说是不可替代的幸福。

井冈女士房间的架子上，摆着从国外采购回来的宝物：极乐鸟的画盘是设计师 Birger Kaipiainen 设计、由芬兰的 Arabia 公司制造的；玻璃天鹅是去捷克时一个一个收集回来的；Paul Rand 的作品集和"habitat"的商品目录也是在旅行途中买的。

井冈家
家是属于自己的美术馆

☐ APARTMENT（公寓）
☐ SEPARATE（独栋）

面积：102.5 ㎡　　户型：3LDK
建筑年限：1 年
人口：2　　　　坐标：奈良

**把外国的旧家具、杂货
和日本手艺人的作品
好好收藏。**

个人档案

井冈美保女士与丈夫在奈良市的老城区奈良町
经营着咖啡店"KANAKANA"和"BORIKU
CAFE"。著有《俄罗斯与杂货》（WAVE 出版）
等多部书籍。

我喜欢……

喜欢上的店、人和物品可以鼓励我向更
美好的世界前进。

下午茶与"胡桃树"

井冈女士上大学后，京都的下午茶咖啡
店"胡桃树"在奈良开了分店。如今她
店里的家具风格和漂亮陈设都是从"胡
桃树"学来的。

永井宏先生

美术作家永井宏先生 20 世纪 90 年代在
叶山[1]运营"SUNLIGHT·GALLERY"
画廊，引起反响后开始在全国各地开办
研讨会。

家居店"habitat"

井冈女士二十九岁时与经营杂货店的朋
友一起去伦敦和巴黎采购。因为对考伦
先生创立的家居店"habitat"的品位很
有共鸣，于是去店里拜访的时候买下商
品目录珍藏。

丹麦的家具

"在丹麦和瑞典采购时，简洁却充满张
力的家具深深吸引了我，"井冈女士说，
"饭厅里这张约翰内斯·安德森[2]的椅
子就是典型。"

俄罗斯套娃

从俄罗斯买回来的套娃，花纹和图样的
混合设计让人觉得很新鲜。在套娃上能
感到温暖、爱与人生的乐趣，很有意思。

①叶山，日本地名，位于神奈川县三
浦半岛西部。

②约翰内斯·安德森(1903—1991)，
20 世纪丹麦著名家具设计师。

厨房

放在厨房的玻璃柜是在网上买的法国古董，里面收纳有陶艺家福田类先生、饭星由美子女士、玻璃制作家辻和美女士等人的作品，是井冈家每天都要使用的器皿。

饭厅 & 厨房

1. 空间里像圆柱一样的顶梁柱十分引人注目。与黑色皮革名作凯博椅[①]相配的，是荒西浩人先生做的"作品6号"饭桌。

2. 在永井宏先生的夫人主办的追悼展上看中的一幅画，装饰在桌子后面的墙上。

3. 开关套上装饰着福田利之先生充满生活感的画。

起居室

边柜是在家具制作家荒西浩人先生那里定制的，长桌是丹麦制的中古品，沙发是在京都的"finger marks"买的，灯是安恩·雅各布森的"F-222"，墙上装饰的画从左到右分别是永井宏先生、福田利之先生的作品。

1. 这是永井宏先生的立体作品，以巢箱为表达主题，他将自己拍摄的照片撕碎粘在上面，做成拼贴画。

2. 音箱上放着"flame+ 米莱·费尔曼"合作款灯，陶制的房子和椅子是川口静佳女士的作品。

私人房间

井冈女士房间的一面墙涂成了淡蓝色。陶制小鸟工艺品来自伦敦，狼的画是西淑先生所作，四叶草的干花画是从匈牙利买的，兔子的壁挂是陶艺家比留间郁美女士所做。

1

2

3

1. 井冈女士房间的架子上，摆着从旅行地的古董商店和跳蚤市场淘到的古董摆件和彩绘盘子。墙上的画是福田利之先生所作。
2. 桌子边上的拼贴画分别是永井宏先生（上）和小松莉娜女士（下）的作品。桌上的泰迪熊是外间宏政先生的作品。
3. 玄关装饰着西淑先生的画。手鞠球^①是由每年在店里举办个人展的布仁美女士和向她学习的井冈女士的丈夫一起做的。

家是生活的基础，也是表现的舞台

"从小时候起，我就喜欢收集可爱的东西。我常把漂亮的石头、可爱的铅笔等'宝物'收集到罐头箱里。"井冈女士回忆着童年时代说出这样的话。

小学时就立志从事旅行相关工作的井冈女士，大学毕业后如愿进入了旅行公司，担任窗口业务的工作。不过，几年后她就辞职了。二十九岁的时候，她陪在大阪经营杂货店"Shyamua"的朋友去伦敦进货，这次旅程成了她人生的转机。

对于喜欢阿加莎·克里斯蒂小说的井冈女士来说，英国是梦想中的国度，第一次去伦敦的经历给她留下深刻的印象。

之后，她每年陪朋友去国外采购两次，从伦敦、巴黎到符拉迪沃斯托克、布拉格、布达佩斯，再到柏林，最后去北欧的城市，年年如此。

①相传6世纪中期由中国传入日本，起初只是足球（也就是鞠）的前身。16世纪末，球芯换成以棉线做出的高弹性球体，并在外部缠绕彩色丝线形成几何图形所做出的玩具。

　　加上在国外旅行时买回的古旧小物，渐渐地，家里堆满了杂货。结婚后开始与丈夫经营咖啡店的井冈女士看着家中的"宝藏"，动了在店里的角落卖杂货的念头。

　　2001 年，井冈女士的咖啡店"KANAKANA"开业。之后她每年去海外数次，收集可爱的小玩意儿。旅行途中，把杂货和旅途见闻写下来拼贴、装订在一起，做成纪念册贩卖。2011 年，第二家咖啡店开业。2015 年，井冈一家将"BORIKU CAFE"搬到了同在奈良町的新房子里，打造出咖啡店兼自住宅的新模式。

　　新家的一楼是咖啡店和焙煎室，二楼是自住空间。二楼的住宅是由 45 ㎡的 LDK、井冈女士的房间、丈夫的房间和卧室组成的 3LDK 户型。地板选择了明亮的橡木材质，墙面几乎全涂成了白色。

　　与马里奥·贝里尼的"凯博椅"相配的餐桌，是与起居室的书柜一起从家具制作家荒西浩人先生那里定制的，沙发和长桌是在京都的"finger marks"买的。在长期往返海外的旅行中，井冈女士意识到自己最喜欢北欧家具的风格，家中不同品牌的丹麦制桌椅混搭在一起，既温柔又舒适。

　　井冈家延续了过去住公寓时候的传统，把墙涂白来更好地衬托作家们的作品，并且以装饰为前提，在墙上加了能够使用图钉的面板。

　　福田利之先生、西淑先生等在店里开过个人展览的作家朋友们的画和工艺品，在家里各处展示着。饭厅里给人冲击印象的画，是跨界作家——已故永井宏先生的作品，对于井冈女士来说，永井宏先生不仅是朋友，还可以说是"人生的师父"。

"与永井宏先生相识是在经营咖啡店之前。永井先生一直说'在生活中存在着表现''谁都可以表现'。因为表现，人就会有变化，于是在看起来单调乏味的日常生活中，也能充满幸福。谁都希望能轻松、快乐地生活，能够理解我这样一个普通白领的心情，给我推动力的永井宏先生当真是我的恩人。经营咖啡店也好，成为现在的我也好，都是托他的福。"井冈女士这样回忆与永井先生相识的过往。

从小时候起就喜欢可爱的小玩意儿，长大成人后继续在海外旅行途中寻找、收集。在店里卖自己觉得可爱的东西，把它们整理为一本书，也用来装饰自己的家。几乎在其中度过一整天的家，是生活的基础，也是自我表现的舞台。被喜欢的家具、杂货和作品包围，用喜欢的食器吃饭，井冈女士就这样享受着只有家才能带来的幸福：一边留恋，一边收获家的鼓励。

这是起居室电视柜的一角，摆着从纽约"ABC
Carpet & Home"买的黑色钢丝椅，上面搭
着毛毯，圆凳是在布鲁克林的跳蚤市场淘的，
箱子里是爱犬的玩具，木箱里是旧的画框，
植物画是德国的古旧图鉴，这些物件构成了
家中一个朴素而温暖的角落。

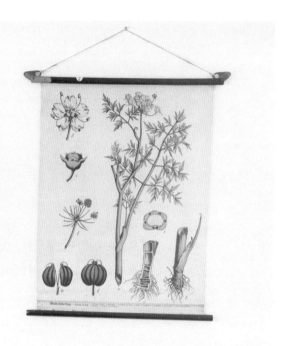

马场家
新与旧的碰撞

□ APARTMENT（公寓）
□ SEPARATE（独栋）

面积：71.7 ㎡　　户型：2LDK
建筑年限：45 年
人口：3　　　　坐标：东京

这是一个
像纽约公寓那样，
巧妙地融合了复古与现代风格、
自然又平衡的家。

个人档案

马场壮气先生因为工作的原因，在委内瑞拉、加拿大、美国居住之后，于 2012 年结婚后回国，将公寓翻新，与太太、儿子太良（一岁）以及爱犬小次郎生活在一起。

我喜欢……

现在的家背后是过去的生活，复古物件和它们各自的历史站在我们身边，给予我们力量。

布鲁克林

结婚前一年和婚后三年，马场夫妇住在纽约。因为妻子的愿望，两人从曼哈顿搬到了布鲁克林的威廉斯堡，当地居民的生活重塑了他们的生活方式。

跳蚤市场

马场夫妇喜欢旅行，旅行中一定会去逛跳蚤市场。从英国、法国、摩洛哥、巴西、墨西哥等地淘到的小物件都展示在家里，这对人偶是从荷兰带回来的。

克拉丽斯·克利夫的餐具

在伦敦的跳蚤市场，马场夫妇对洋溢着难以言表的风情的番红花图案一见钟情，于是买下了这一组 19 世纪 20 年代制造的古董餐具，之后他们收集了更多同年代的茶杯和茶托。

韦斯·安德森

这个《天才一族》的小装饰品深得马场先生的喜爱，电影里的颜色搭配和小物件给他很多灵感。艺术工作者们常去的中古家具店"Furnish Green"也是马场先生常去的地方。

鸟取的窑品

鸟取有不少陶艺的窑烧和品位不错的店。因为岳母搬到了鸟取，马场先生去拜访她，顺道探店的时候买了一整套器皿。

客厅、饭厅、厨房的一体化开放空间

白色的窗框增添了清爽感。沙发选择了来自
"Journal Standard Furniture"的深绿色布艺
沙发，营造出沉稳安静的气氛。起居室和饭厅的
地板区别了覆盖的角度，分区做得恰到好处。白
色椅子来自纽约的"ABC Carpet & Home"。

饭厅＆厨房

桌子购自吉祥寺的"Bell Betto"，长条
凳是在网上订购的，灯具来自"Art Work
Studio"，开放式架子上装饰着夫妇喜欢的"克
拉丽斯·克利夫"器皿。

饭厅 & 起居室

1. 以纽约的公寓为模板，在窗户内侧安装了白色的木头和铁做的门框。

2. 装饰得可入画的开放式置物架。马场先生说："看起来就像浮在空中似的，连架子投射在地上的影子都非常漂亮。"

1

2

3

4

1. 洗面室墙上的瓷砖贴得没有接缝，令整个空间十分清爽。洗面盆和镜面储物柜是马场太太从网上淘的进口货。
2. 浴室的重头戏是马场先生选的浴缸，以及十字纹的地板砖。
3. 玄关把进门的土间[1]扩大，设置了一个放鞋子的开放式柜子，柜板做得很薄，显得时髦轻快。
4. 一进玄关，眼前就是在"A&G MERCH"买的海报和在巴黎的跳蚤市场上淘的挂钩。

旧东西、新东西、世上仅此一件的东西
融为一体的开放式空间

以还原充满回忆的欧美公寓为目标，马场先生一边回想以前在纽约的旧公寓，一边细心地挑选材料进行装修，终于打造出了这个有着大扇明亮的窗户、简洁的空间里全是美丽细节的房子。虽然是新家，但是与中古家具也很相配。

马场先生因为工作的关系，常常去海外，结婚后有三年时间住在纽约。从曼哈顿搬到布鲁克林的威廉斯堡后，被一群嬉皮士包围，他的生活方式也彻底受到了当地人的影响。在威廉斯堡，比起追求流行，珍视自己喜欢的事物、珍惜古旧物品的人更多。虽说只有一站地铁的距离，威廉斯堡与一河之隔的曼哈顿完全不同，在这里时间悠闲地流淌，是非常本土、富有创意、充满新鲜感的地方。

①在日本的传统室内空间里，人类生活起居的空间高于地面，玄关进门处与地面同高的一小块地方称为土间。

夫妇两人都喜欢旅行，以纽约为据点，两人去过英国、法国、摩洛哥、意大利、墨西哥等国家，寻访各地的室内装饰店和跳蚤市场，一点点收集中意的物品。

"海外生活对我们影响最大的要数跳蚤市场。在布鲁克林的时候，每周去淘东西的快乐真是难以言说。与物品的相会与人的相遇一样，也是一期一会，是在此地此处、此时此刻仅有的一件，这一点实在太打动我们了。"正是由于这种想法，马场夫妇对旧物格外钟情。

回国一年后，两人买下了这栋建成四十五年的公寓。委托了设计事务所"FIELD LABO"，以在纽约居住的公寓为灵感底本，对公寓进行了全面的改建翻新。

马场夫妇想要既自然又极简的家，中古家具也好，摩登家具也好，不论什么家具放进去都合适。此外，为了能尽可能多地请朋友来家里，把厨房、饭厅、客厅的一体化空间尽量扩大，准备了能让大家围坐在一起的大桌子。受纽约人的影响，马场家养了法国斗牛犬，之所以用朴素的橡木地板，就是为了让人和狗都能感到舒适。

打通原有的墙壁，除了儿童房以外全部做成开放空间。把原本独立的厨房往南边窗户移动，创造了近四米宽的舒畅空间。厨房储藏柜也设计在墙上，从而确保了整个客厅的宽敞。厨房台面使用了"平田瓷砖"的石材砖，每个房间瓷砖的选择和铺贴方式也各有变化。马场先生家以白色的天花板和墙壁、自然色的地板为基调，清爽的采光非常明亮，从厨房到卧室通透一体，空间的开放感十足。

"因为视线可以自由移动，房间显得很宽敞。房子宽敞通透，家人就算分别在卧室和客厅，也可以感受到彼此的气息，这一点很让人安心。"这是马场家装修的灵魂所在。

马场夫妇在纽约居住的时候，在"A&G MERCH""ABC Carpet & Home"和"Create & Barrel"买的床、沙发、椅子、柜子，还有从跳蚤市场淘的凳子、室内装饰小物件等等，基本都带回了日本。加上在"Journal Standard Furniture"买的深绿色天鹅绒沙发和在"Bell Betto"买的饭桌，这些家具组成了现在马场家的样子。

因为每个细节都是两个人一起构思和布置的，这是一个让夫妇两人都感到舒适的家。马场先生最引以为豪的是家中的采光，寒冷的冬天就算不开暖气，暖洋洋的日光照进房间，也很温暖。因为客厅的空间很宽敞，就算小孩子在家乱跑，大人懒懒散散地走动，也互不干扰。无论是独自在家工作，还是请许多朋友来开派对，都可以。

将旧公寓改建为新空间，超越地理与时间的界限，新旧物品相得益彰，高雅的情趣跃然房内。古老的过去和崭新的日子连线，旧物在家中苏醒。

连接二楼和三楼的阶梯上放着几只瓶子，里面装满了在海滩上捡到的贝壳和海玻璃[1]。在墙上打入粗钉子，挂上在时间打磨下变成焦糖色的竹编包、皮制的水壶绳带，还可以把孩子的画装裱起来挂在墙上。上下楼的时候无意间看到这些有自家人生活气息的小细节，总会突然开心起来。

[1]海玻璃指的是在海水中或海滩上经过长时间的海水、海沙打磨后失去棱角，变得如同鹅卵石般圆滑的废弃玻璃。

森家
不起眼之物的
伟大博物馆

☐ APARTMENT（公寓）
☐ SEPARATE（独栋）

面积：116.8 ㎡　　户型：7LDK
建筑年限：35 年
人口：8　　　　　坐标：千叶

怀着传承与怜爱的心情，
把家打造成不起眼之物的
伟大博物馆。
每天待在博物馆里是赏心乐事。

个人档案

森由佳利女士 1995 年与身为建筑师和木工的丈
夫结婚，将丈夫的老家翻新，如今与长子熙舟
（十六岁）、长女红绪（十四岁）、次女依月（十一
岁）、幺女仁心辉（六岁）以及公婆住在一起。

我喜欢……

那些对室内装饰充满热情的人教给我
的事。

TRUCK 和唐津裕美女士

在森夫妇还住在旧房子里时，森女士通过
杂志了解到唐津女士的理念并且深受启
发。自那以后，她成了"用古旧物品和捡
来的东西来装饰房子，使之充满原创感"
这一概念的俘虏。

中古商店 "ARCADIA Co."

这家店以前在芦屋①叫 "Basket"，现在
搬到石川县小松市，改名为 "ARCADIA
Co."。因为森夫妇被经营者宫内先生的
人品所吸引，森家的中古商品基本都是从
这家店购买。

焦糖色箱子和篮子

"古旧物品所拥有的深邃焦糖色，不仅温
暖、凛然，还很潇洒。家里的箱子、篮子
我专门挑选在形状和颜色上有特点的款
式。"森女士说。

"SPEC PRODUCT" 出品的厨房
储物小箱

森女士买下这个储物箱，是因为它难以言
状的绝妙绿色和 "Coffee" "Tea" 的复
古字体创造出童话感的气氛。家里还有一
个银色的同款，不过现在森女士还没找到
它的用武之地。

MARK & SALLY BAILEY 的外文书

从学生时代就喜欢的室内装饰杂志，成为
森女士装修房子的参考。

① 芦屋，是日本兵库县西宫市和神户市
之间一个城市。

厨房

这栋三层建筑的一楼是工作场所，二楼是公婆
居住的地方，三楼是森女士一家的居住空间。
主厨房在二楼，三楼的这个小厨房可以做早饭、
烤点心、泡咖啡。小厨房里还设计了简易的洗
面台，洗面台对面的门后是洗手间。

把从网上淘的二手土豆箱挂在墙上作为收纳柜，在里面收纳从 ARCADIA Co. 买的木器和布制品等轻巧的东西。烤面包机的右边紧凑地摆着"SPEC PRODUCT"出品的厨房储物箱。

1. 森女士把原本在房子其他地方放置的化妆镜卸下来，装在洗面盆上方。镜框上站成一列的大象摆件是丈夫送给她的礼物，虽然丈夫和森女士在室内装饰上品位稍有不同，但因为感念丈夫想着自己的这种心意，就放在这里每天看着。

2. 窗户上面安装了涂成白色的木板，成为一个展示空间。铁丝晾衣架是造型家小林宽树先生的作品。

3. 中 古 的 花 纹 毯 子 是 从 ARCADIA Co. 店里买的。

厨房

1. 窗户下面的空间，摆着森女士丈夫使用过的、带着斑驳痕迹的木板所制成的工作桌。蜡笔和铅笔插在从"Seria"买的果酱瓶里。

2. 置物架配合着墙壁也涂成白色，上面摆着从馆山的"杂货 OURU"买的泛着青色的玻璃器具、茶色的药瓶，打造出干净的风格。

3. 瓶子是从"F.O.B COOP"买的。

4. 窗边放着阶梯状的台子，上面摆着各种植物。

1

2

3

起居室

1. 森女士丈夫制作的靠墙书柜上，摆满了建筑、室内装饰方面的书籍。虽然有很多几十年前的旧书，现在却仍是手边重要的参考书。

卧室

2. 为了将卧室和儿童房分隔开，在床和森女士丈夫制作的书柜间支起了白色的屏风，随意地挂上布作为隔断。

儿童房

3. 在卧室的一角安装着桌子和柜子，作为次女小依月的空间。森女士有点骄傲地说："墙壁是我和孩子们一起用油漆刷的哦。"

1. 挂在墙上的干花作品是从造型家水田典寿先生那里得到的。

2. 从闭校的学校那里领来的桌椅，配上森女士丈夫做的书柜，成了幺女的空间。

3. 森家最喜欢用的椅子是阿科尔、伊姆斯①和伊尔马里·塔皮奥瓦拉②的作品。

4. 楼梯之间的平台上摆着折叠椅，墙上是旧挂钩。

旧物里的珍惜和继承

从敞开的窗户可以看到广阔的蓝色大海，清凉的风穿堂而过，森女士一家已经在这里度过了十五个年头。

这栋建筑年限三十五年的三层建筑是丈夫从出生到长大的地方，原先是民宿，后来一点点翻新改建，成了森女士和家人现在的住房。

作为居住空间的三楼，原本有六个和式房间，森家拆掉墙壁，改造成起居室、儿童房和三个卧室的格局。榻榻米换成了普通的地板，在洗面室贴上瓷砖做成小厨房，这些改建工程基本都是身为建筑师和木匠的丈夫完成的，森女士则刷刷油漆、做做柜子。

两个人这样一点一点完成的家中，装饰着森女士喜欢的中古家具和杂货、从海边捡来的漂流木材和贝壳、植物等，家中无论哪个角落都洋溢着悠闲豁达的气氛。

①伊姆斯（1907—1978），美国设计师，利用新型材质和构造设计了以椅子为代表的功能性家具。

②伊尔马里·塔皮奥瓦拉，20世纪50年代著名的芬兰家具设计师。

"我特别喜欢变成焦糖色的竹编箱、木箱和玻璃瓶。旧箱子因为日晒而带有光泽，颜色也比全新的更多一分深邃；旧玻璃特有的波纹起伏，是只有经历了时间的物品才有的魅力。塑料一旦劣化就成了垃圾，但如果是天然材料制成的物品，年岁越大反而越有魅力。喜欢的东西，就想把它们搁在随时能看到的地方，一入手就装饰起来。虽然也想过是不是要减少一点，不过这么杂乱摆放着倒让人觉得很安心。出远门回来的时候，看到这些东西就会很踏实，内心空间的角落被填满了，总觉得果然还是自己家最好。"森女士对自己的家有很深的依恋。

从高中时起，森女士就对使用彩色盒子进行 DIY 和改换家中布局的活动很热衷。因为喜欢室内装饰，高中毕业进入了室内装饰专门学校。刚结婚的时候，森女士在喜欢的室内装饰杂志上发现了"TRUCK"的唐津裕美女士，被她独特的品位所吸引，随之点燃了自己内装的热情。虽然原本就很喜欢自己装点房间，但是体弱的大儿子小熙舟出生后，森女士在家中度过的时间更多了，也就更加享受室内装饰了。

因为不擅长具体到"某某风"的家装风格，所以森女士从不在意家具和物件的国家和品牌，不论是新东西还是旧东西，都凭自己的直觉来选择。对于森女士来说，在店里通过双手触摸仔细挑选是最好的，但实在抽不出时间的话，在网店购物也一样有趣。

森女士买东西时实行"即速决定主义"，一见钟情的东西只管买下来。

但不管多么珍贵的商品，都还是要能预想到在生活中使用的价值，所以很少有买回来就束之高阁的东西。

从收集焦糖色的竹编箱和木箱开始，森女士的中古物品收集之路开启了，她说："就像新东西适合新家一样，古旧的物品就像从久住的家里长出来似的。换句话说，理想的东西会让人感觉原本就在家里摆着、被家人用惯了。家也好，东西也好，正是因为有了一直珍惜着使用它们的人，才有了存在的意义。物品的背后，是创造者和使用者的生活。继承这一切的我珍惜着旧物，想要继续传给下一代。"

对自己选择的全部物品倾注感情，珍惜着与家人一起度过的时光。追求"彻底的自我风格、不刻意的室内装饰"的森女士将装饰品摆过来、换过去，将不再使用的屏风变成隔断……她说自己常常思考不花钱的家装能让自己快乐到什么程度。

幺女仁心辉似乎也对室内装饰有兴趣，她也会翻看森女士买的室内装饰书籍，给家里改模换样。看着森女士的身影长大的孩子们，一边享受着温暖的家庭生活，似乎渐渐继承了母亲的想法。

A Cup of Tea Makes Everything Better.

一 杯 茶 也 能 点 亮 生 活

1 专栏 COLUMN

作原文子 女士

造 型 师

用不同感觉的组合，
把家打造成美好的场所。

物品的优点在"静伫"中显现

作原文子女士是活跃在杂志和广告一线的室内装饰造型师。对于从事这项工作二十年以上的作原女士来说，造型师的工作、舒适的屋子分别意味着什么呢？

——根据当季的流行，室内装饰的造型也会改变吗？还是也有不会改变的部分？

我想基本上是不会变的。我只要发现了一个好东西，就会通过改变其使用方式或观者的观看方法从而在更多的场合利用它，这就好比用不同的手法来料理食材，然后呈现在不同的菜单上。我一直思考要用怎样的组合方法和提案来展示物件，基本款结合当下的氛围，稍微加一点流行元素来增添新鲜感，是我日常在做的室内装饰。所以只要我选择东西的眼光没有变，做出的室内装饰造型也就不会有大的改变。

——您是如何判断一个物品是不是"好东西"呢？

有时候我会被初印象吸引，也有时候是通过与创作者和传递创作理念的人交谈，了解背后的故事才被其魅力所吸引。在店里的时候，比起物品

本身，我更重视的是它在空间中静静伫立的状态。所谓"静伫"，指的是许多个摆着的花瓶之间的间隔方式、画框挂在墙上的角度、碟子和碗堆叠的样子、一张桌子边应该配什么样的椅子、物品以什么样的角度摆才比较合适……物品的样子会随着组合和摆设方式发生改变，因此，在借用拍摄用的物品时，我会选择能自然地酿出中意的"静伫"氛围的物品。我不会在拍摄前准备特别笃定的方案，而是到现场再考虑要怎么摆设。

——在做造型时，什么样的状态就表示"OK"了呢?

我想正因为没有标准答案，这份工作我才能一直做下去。我不认为做好的造型状态就是完美的，要透过相机来检验。所以在做造型时要留有余地，看到拍好的照片再做最后的调整。正因如此，对我来说与摄影师之间的信赖关系很重要。

——摄影师是通过相机从一个角度来看的，但是实际上从屋子的各个角度都能看到造型。

我尽量用心做到让拍摄无论从哪个角度都能进行。"如果坐在这个沙发上看，这个马克杯要这么放会比较好"，想象着坐在那里的人具备的视角来制作空间，既是我很重要的表现方式，也是为了让一起共事的摄影师

能够以自己的风格来拍摄所做的努力。

——对于作原女士来说，什么是舒适的屋子？

光是日常地看着，就能让人元气满满、坦然自若的屋子，或者就算稍微有点平衡失调，也有充满个人风格的角落的屋子，还有就是装满植物的屋子。

我很喜欢通过一些小物件来增加舒适感。触感柔和的织物可以让人内心平静，只要抚摸喜欢的织物，疲惫感在回到家后也能得到消减。其实从日常使用的毛巾、厨房桌布等身边的东西开始就是很好的尝试，我家的亚麻材质薄毛巾洗过之后也不会变形、干得很快，给我的生活增加了不少舒适感。通过自己的手来感受很舒服的织物，就会喜欢上它们的使用感。经常感受日常生活中产生幸福感，也就知道分辨"好东西"的方法了。

我在做助手的时候，在老师岩立通子女士的建议下购买了美国品牌"Fieldcrest"的毛巾，一直用到今天。家里人口增加后，良好的触感和快干的性能对我来说变得更加重要了。年龄渐长的我，更愿意在舒适性上

多花钱。我并不是认为贵的就一定好，而是对于每天使用的东西，想选择更好的设计和质量。这样的消费观不是为了向别人炫耀，而是想在私密的地方变得充实和舒适，然后就能从生活中获得能量，从而对他人变得宽容，也会对新事物充满好奇心。

但是，只知道好东西是不够的，也要知道并非如此的东西；只有两方面都了解，才能进一步培养品鉴物品的眼光。价廉物美的东西世上有很多，只有好与不好都知道，然后通过积累选择，以及将选择的物品不断组合的经验，才能产生挑选的眼光和平衡的感觉。

比如说，我在年轻的时候也曾执着于"不是帅气的东西就绝对不行"，因为这样而出错。但最近一两年，我开始觉得作为工作对象的物品即使只是一般的品质，我也会去想自己要怎样处理、怎样表现，可能正是像这样试着去挑战，才能有如今工作时的游刃有余。

——这对于住宅的室内装饰也是一样吗？

虽说喜欢被大多数人认同的品牌和商品的人很多，但是我觉得更重要的是，思考如何将它们安排使用、在这些东西上加点什么从而形成个人风格的组合，最后产生具有独创性的世界观。如果完全照搬品牌的商品目录，

我觉得总有一天会腻的。比如，思考沙发和咖啡桌用什么毯子配比较好、要多大尺寸、万一要有不平衡的地方要怎么做等等。其实，不管别人怎么看，只要自己过得舒服就好了，我想这样才能通向更好的生活。

——如果家人的有些东西和家里的整体风格不大协调，可以容许这些物品存在吗？

讨厌到看都不想看的东西另当别论，如果是家人的东西自己也会渐渐喜欢上的。通过组合不同感觉的东西，家才成为一个好地方。大家能够共有彼此喜欢的东西，才是室内装饰理想的状态。就算是觉得不协调的东西，如果改变摆放地点也许就会产生不同的效果；不要分散摆放，试着将物品集中在一个角落，说不定就能产生有趣的空间；不要只集中在物品上，改变空间效果也可能改变。我们家也有"丈夫的空间"，因为他会买些离奇的东西，虽然东西本身不符合我的取向，但是我能从他身上看到自己所没有的那份感性。自己虽然不会买，但是能理解丈夫购买的理由，我觉得这样的共情是很重要的。家人的喜好虽然各有不同，但只要将被倾注了感情的东西集中起来，我想也能打造出协调的角落，而正是这种角落，让室内装饰丰富且独特。

——您在自己家里也装饰植物吗？

我经常把拍摄后多出来的植物带回家，装饰在水池周围，这是受母亲的影响。母亲总是将从院子里摘的花插在小瓶子里，摆在玄关、厨房、起居室里作为装饰。

——您为什么选择室内造型的工作呢？

与其说我喜欢室内装饰造型设计这份工作，不如说是喜欢看到别人快乐的样子。小时候我会在母亲生日时亲手做蛋糕送上"生日快乐"的祝福，长大后在和别人相处时我也喜欢照顾对方的心情，这大概是我选择现在的工作的原因。

三年前我获得了在多摩美术大学授课的机会，去年我请来了艺术品装点家村田炼做讲座，我始终记得他的一句话："要把认真做造型、拍照片、做设计当成是理所当然，没有奉献的精神可不行。"这与我始终坚持的理念是一致的。

拿杂志举例，就算辛苦做了造型，如果没有让读者感到快乐、不能让读者便利地获得服务要素信息，就只能沦为自娱自乐。

想着如何为读者奉献，与一起制作版面的同事共同思考，就能在彼此尊重的基础上产生共鸣。这是我在从事室内装饰造型的工作后，最珍惜也最重视的一点。

作原文子
Fumiko Sakuhara

如果没有"奉献"，
就只能沦为自娱自乐。

室内装饰造型师。曾任已故的岩立通子女士的助手，后独立。以"无印良品"等商业广告备受关注。2011年起与摄影师合作独立企划"mountain morning"。同年出版书籍 *Tools*（讲谈社），担当书中的所有造型设计。2014年起在多摩美术大学参加实践性的课程讲授。

2 专栏 COLUMN

搁 过 来　　摆 过 去

小林和人 先生

选东西也好、装房子也好，
重要的都是反复做、积累经验。

"Roundabout"
"OUTBOUND" 店主

物品既有具体的机能，也有抽象的作用

    小林先生从多摩美术大学毕业后，1999 年在东京的吉祥寺开了
"Roundabout"，2008 年开了 "OUTBOUND"，因为旧址拆迁，2016 年
"Roundabout" 搬到了代代木上原。不论哪家店都凭借着扎实的选品和
别致的陈列，持续收获众多关注。

——开办 "Roundabout" 的契机是什么呢？

    大学时代，与美术大学的同伴们聚在一起，有时会聊起想做点什么。
我们基本上没参加过什么像样的求职活动，连工作都没敲定就毕业了。有
一天，一个伙伴说："吉祥寺有个有趣的地方，可以让我们使用一个礼拜。"
于是我们决定通过开店来与社会产生连接。临时起意的店名"Roundabout"
有环状线十字路口的意思，之所以叫这个名字，是因为我们希望小店成为
人与物邂逅的中立地点。在那一周，我们有了自己做事的实感。三个月之
后，我们的店正式开业了。

——开 "OUTBOUND" 的契机又是什么呢？

    一方面是因为 "Roundabout" 原本的开店地点要拆迁了，我们就

在吉祥寺找新店址，结果比预想中还要早地找到了一处刚刚好的地点。
当时虽然对新店的定位还没有明确的构想，准备的时候决定要做一个与
"Roundabout"不同的空间，边做边将想法一点点确定下来。

——两家店有什么地方不同呢？

"Roundabout"比较轻松休闲，不论客人来多少次，都能发现许多
新的要素。在店里漫步，可以感受到像在跳蚤市场上"淘宝"的快乐。与
此相对，"OUTBOUND"是以墙面上的展示和陈列为重点，打造"观看"
的快乐。

另外，"Roundabout"把重点放在日常生活上，"OUTBOUND"
则一边紧邻着日常生活，一边稍微向着非日常的空间倾斜。就算是同样一
个动作——"写"，每天信笔写来的"日记"与需要费劲打磨的"书信"
是不同的，我想这两家店就是有这样并不夸张的区别。

进一步说，"Roundabout"聚焦在物品的具体机能作用，
"OUTBOUND"重视抽象的作用——也就是物品因自身的存在，创造出
某种内涵丰富的价值。当然，一件物品从根本上说同时有具体的机能性和
抽象的作用，所以也就没必要把它们分得那么清了。

只要有心爱之物，就是舒适的地方

——"Roundabout"搬到代代木上原之后，有什么变化吗？

什么也没变。当时找新的店址，我们计划营造出一种超凡脱俗的气氛，让人一踏进店里就觉得与外面的世界截然不同。究竟是要执着于吉祥寺一带，不找到适合"Roundabout"的新店址不罢休，还是把搜索范围扩大，追求符合"Roundabout"精神的空间？现在的店址，就是在考虑了怎么做才能对客人们保持坦诚后的选择。建筑向外隆起，顶棚也比较高，从半地下室的采光井可以洒进来自然光，真是太好了。

——您是怎么选择商品的呢？

选择凭的是直觉。"Roundabout"注重的是物品的机能性和耐久性，"OUTBOUND"中摆放的东西则并非一定有特定的用途，有一些抽象的商品。但同样的一点是，两家店都偏好可以对抗流行更迭和时光流逝的物品。

在我的书《新的日用品》里，我阐述了选择道具时要重视的四点：一、选择"历经岁月越发呈现出美丽表情"的物品。物品用着用着，颜色变了，

有了伤痕，反而产生一种韵味。二、"没有意识到自己在被观看"的东西。换句话说，即为设计和制作上没有露骨地表现出人为痕迹的东西。三、有"早就存在"之感的东西。就算是世上没有的东西，它所必要的形状和要素似乎早已注定，就像用实线把原本空缺的虚线框涂实一样浑然天成。四、基于"机能性"与"合理性"而造型的东西。我们都知道匠人使用的道具很美，其实是因为道具的造型和素材本是追求用途的结果。被动物的骨骼标本所吸引，是因为它们的形状源于动物在严酷的自然生存竞争中留存下来的当然之理。

不过，这些只是在选择道具时的指南，用别的视角来考虑也可以。我认为物品中的留白，还有一些乍一看多余的部分，有时候才能更好地传达物品的魅力。

——您对展示和陈列，是如何思考和执行的呢？

其实什么事情都一样，要做好展示陈列，只能靠反复练习。我也不是一下子就能决定怎么去做展示，把东西搁过来、摆过去，就这样在不断的

试错中渐渐提高完成度。把东西摆定，走远几步俯瞰，要是觉得不对就把位置挪挪……反复这么做，看质感的分布、颜色的明暗组合、物品的疏密等有没有奇怪的不平衡或过度的平均，如果有不平衡或者过度平均的地方，就难以实现让人舒服的效果。我认为"看上去舒适"的东西，需要各种素材的质感彼此呼应、色彩的明暗平衡恰到好处、疏密对比适度。在工作中一边前进，一边尽力向理想的状态靠近，将违和感慢慢去除。

考虑配色的时候，就算两种颜色配在一起不好看，替换其中一种也许就有很大的变化；将个体置于整体中，将其魅力全部激发出来。我就这样一边思考，一边工作。

小时候和刚开始一个人生活时，没什么钱购置新物件，就经常移动手边的东西，探索最佳的组合布置。刚开始开店的时候，因为经营的商品种类有限，要想改变空间的感觉，只能改变东西的摆放方式。每晚都把东西来回移动、摆来摆去，通过这样的反复练习，最终习得自己独有的法则。

在家里装饰物品的时候，因为很难俯瞰整体，于是我一边观察着能掌

握的范围，一边从一个个小场景开始，最后再组合起来。要是只采取不会出错的摆放方式，就会很无聊。我家里虽然也有陈列的要素，但毕竟是在有限的空间内，所以还是要注重收纳的功能，如果让家中一角既有收纳功能又是陈列空间，就能获得内心的宁静。

——您在住房中追求的是什么呢?

舒适。如果有"紧张"和"放松"两个向量，商店虽然也需要放松，不过我认为稍许的紧张感也很重要。然而，人们都希望家是绝对放松的领域。

我认为物品的集聚方式会影响家的舒适程度。把家打造成样板间，只要把杂志上登的东西聚齐就能实现，但这样打造出的家离舒适还很远。贴合自己家的实际情况来增加舒适感是最重要的。找到房间中光照最好的地方，在那里摆上喜欢的桌子、椅子，就能增加空间的舒适感；就算只是一只咖啡杯，如果是爱不释手的东西，只要有了它，就能创造出非常舒适的细节。还有，因为生活的改变，居住空间也会变化，选择能够应对这种变化的东西也很重要。我喜欢箱子，家中没有大型柜子，而是把箱子堆起来当柜子用。在搞清楚自己究竟喜欢什么之前，我邂逅了许多东西，绞尽脑汁思考了许多种想去过的生活。

选择物品也好，装修屋子也好，重要的是从反复练习中积累经验，只有这一个方法。

小林和人
Kazuto Kobayashi

家是
绝对放松的领域。

1975 年生于东京都。负责"Roundabout"和"OUTBOUND"的
商品的选购和展示，为每年开办数次的展览会做企划。

1. 稻草做的芬兰传统装饰，是在大久
保友子女士的工作室里由大内女士亲
手制作的。
2. 摆在地板上的画框，是雕刻家兼子
真一先生的作品，展示的是摄影家真
野敦先生的摄影作品，画框旁插着走
势美丽的枝干。

大内家
让喜欢的东西焕发生机

☐ APARTMENT（公寓）
☐ SEPARATE（独栋）

面积：60㎡　户型：3LDK
建筑年限：28 年
人口：3　　坐标：东京

理想的居住空间
能让家人和家里的物品
都生机勃勃。
为此，必须日日动手努力。

个人档案

作为生活创造家，大内美生女士主宰"游牧马戏团"的日常执行手工作品相关的展览销售和研讨会企划。她与丈夫、儿子小惠太（一岁）住在一起。

我喜欢……

深深刻在心里关于故乡的记忆——
与那里的人与物的种种相逢。

度过了童年时光的札幌"宫之森"地区

"泥土的气息、树木的呢喃、被白雪覆盖的寂静世界和黑暗的夜晚。如今只要一想起故乡的氛围，就会觉得安心。"这就是大内女士心中的乡情。

《去寻找 Jurgen Lehl 和 Babaghuri》

"读这本书的时候我在想，对我而言什么是一直放在身边、不知不觉已经刻在心里的东西。我从这本书里学到了选择物品时最重要的事——明白什么是本质上的美。"大内女士这样评价对自己影响至深的一本书。

日本民艺①馆

大内女士第一次拜访民艺馆是在十八九岁的时候。在那里她知道了"用之美"和"民艺运动"这样的词语，领略了默默无闻的职人们的手工美，以及潜藏在日用品之中的机能美等。

谷崎润一郎《阴翳礼赞》
乾正雄《夜晚是否必须黑暗的黑暗文化论》

"白天虽然喜欢明亮的空间，但到了夜晚还是喜欢极端的黑暗。这两本文艺大家的书都描述了拥有'黑暗'的物品，因此我才理直气壮地说自己喜欢黑暗。"大内女士这样说。

插花家 谷匡子女士

谷女士曾经担任大内女士店里的花艺师。谷女士辞职后，大内女士依然会去参加她的"享花之会"。不论是插花还是生活方式，谷女士都是大内女士十分尊敬的人。

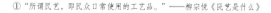

1

2

3

饭厅 & 起居室

1. 二手的桌子与"Y 型椅"是在东京的国立古道具店"RETTO EMUINN"买的，桌子中央铺着从老家拿过来的靛染布。因为信奉"生活中的花还是不经意的好"，桌上装饰的花其实是大内女士从阳台上的花盆里折取的。

2. 瑞典设计师制作的中古椅子，上面放着"吉姆·汤普森"的亚麻靠垫。

3. 墙上装裱着插画家大桥未生先生画的婚礼板画。

厨房

1. 厨房背面的架子是使用多年的老家具，小小的架子涂成灰蓝色，可以更好地映衬白色的器皿。墙上装饰着白野真琴女士的油画和爱马仕的盘子，这是大内女士在厨房里最喜欢的角落。

2. 安静地站在灶台上的搪瓷壶是大内女士从老家拿过来的。

3. 摄影师 tsukao 先生的"ALL L / RIGHT"系列小屋摄影作品，大内女士只要看到就会觉得心情愉悦。

舒适的家，自在的你

卧室

1. 充满回忆的家族写真用各种各样的相框装饰在卧室墙壁上。
2. 从老家拿过来的柜子上摆着篮子和箱子，收纳着首饰等物品。
3. 大内女士喜欢的亚麻床单，是从"TIME & STYLE"选购的原创商品。以波浪为意象的蓝色靠垫是"MARIMEKKO"的，"FURENNSUTEDDO"的蓝色吊饰"TANGO"也很符合空间的清新格调。

1

2

3

1

2

和室

1、2. 风铃和吊饰。
3. 大内家把和室作为家里的儿童房。木马是大内女士小时候玩的红木马重新涂刷而成。灯是"Valo"的黄铜制"折纸灯"。

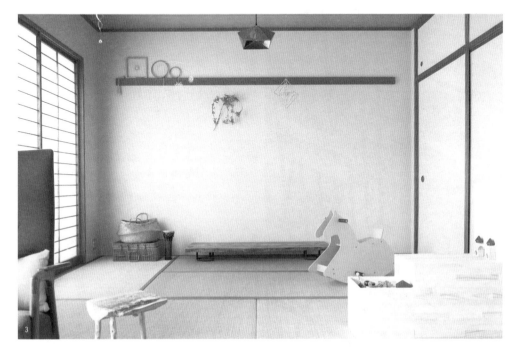

3

1. 玄关的鞋柜上，放着香熏蜡烛、捡来的果实和石子，营造出自然的氛围。
2. 书房里全是丈夫感兴趣的唱片和书，密密麻麻地收纳在宜家的柜子里。这些东西紧实地收纳在一起，看上去非常清爽利落。
3. 阳台上一年四季都不缺多肉植物和香草。
4. 洗手间的开放式柜子里，是大内女士的丈夫收集的白熊摆件，其间以绿植点缀。

理想之家，与家人的成长一起变化

清冽的空气在寂静的室内飘荡。大内女士的家虽然是非常普通的租赁公寓，却是一个装满古董家具、民艺和艺术品的舒适空间。

大内女士说因为孩子还小，所以想在舒适的氛围里生活。又因为清扫很麻烦，所以注意着不往家里买多余的东西，需要的东西一个一个仔细地挑选，带回家后为了突显它们用心地摆放。

"并不是说只有空无一物才是舒适的空间。在摆设时要注意'疏密'，尽力让空间舒适起来。"这是大内家的空间法则。

在家里，大内女士有意识地区分了有装饰、收纳功能的"东西多的地方"，以及什么也没有的"清爽干净的地方"。谈起自己心中的"舒适"，她说："通风良好、有清洁感的空间能令人感到舒适。整理和收拾很重要，但要是做得太刻意，气氛就会变得僵硬。要是把装饰作为重心的话，生活起来就变得不方便，家人的生活需要应该是第一位的。"

有如此生活观念的大内女士，在家里最中意的地方是与客厅相邻的和室。

当初找房子的时候，大内夫妇首选有庭院和走廊的独立住宅，其次是"接地气"的一楼，最好带有和室。孩子还小的时候，大内女士想把和室作为儿童房，按照日本的传统风俗来布置房间。

白天，大内女士陪孩子在和室里的榻榻米上躺着读绘本；到了夜晚，丈夫支起一面屏风，一家人一边听着虫声一边玩影子游戏，有时候还会在家里撑起帐篷来一场"露营"。

大内女士打造与自己的生活方式相契合的舒适空间，看重的不是物品外表的设计和样式，而是如何让喜欢的东西在屋子里焕发生机。

矿物、珊瑚、漂流木等源于自然的东西，不知在多少人手上辗转过多少岁月的古旧物品，在它们身上可以感受到让人充满想象的氛围。因为有缘来到现在的主人手里的可爱的物品，在当时、当地看上去是最美的。为了将它们摆得充满生机，平时大内女士常常动手去尝试改变物品的布局。"我的理想之家，是与家人的成长一起变化的'有生命的家'，这一点就算等我们有了自己的房子之后大概也不会改变。我觉得家是没有'完成时'的。"大内女士这样说。

在这样的内室装饰里不可或缺的，是植物、蜡烛、风铃这些能够让人感受自然元素水、光、火、风存在的东西。它们自然地融入家中各处，不夸张却能让人听见"我在这里哦"的叮咛，美好而治愈。

新鲜的植物能够让人心情愉悦，大内女士常常用花草装饰室内。花盆里的植物放在小孩子够不到的高处，大枝的植物插在花瓶里。天花板上挂着风铃等吊饰，不仅能让人感受到风的存在，也能逗家里的小孩子玩耍。

大内女士说："装饰和家对我来说，就是生活方式本身，是我和家人的'心灵镜子'。在感到紧张和内心枯燥的时候，家中往往比较乱、堆满了杂物。每一天我都为打造通风良好、舒适干净的家努力着。"

我们改造家的外表，表达内心的空间。

1. 工作空间的墙上，随意地用绷针把喜欢的摄影师的
作品和旅行时拍的照片钉在上面，看到它们工作的热情
就能瞬间高涨起来。时钟是阿尔内·雅各布森设计的
"STATION"。虽然是个不过分凸显自己、朴素的时钟，
但它的存在给空间神奇地增加了些许紧张感。
2. 柜子上满满地摆着拍照用的干花道具。

大谷家
小家也温暖

□ APARTMENT（公寓）
□ SEPARATE（独栋）

面积：51.0 ㎡　户型：2LDK
建筑年限：13 年
人口：2　　　坐标：东京

将 51 ㎡ 的一居室
以小化大，
里面只摆放自己喜欢的东西。

A Year of Mornings

相距 5100 多公里的两个女孩史蒂芬妮和玛利亚，将彼此生活中的风景照片剪下来、寄给对方的往来书信集。这本书让大谷女士感觉平淡朴素的日常中，一样飘荡着幸福的空气。

RECTOHALL

一家在东京惠比寿的商店，将法国、英国等地的古董家具修理后贩卖。大谷女士觉得在这里不会让人感到古董品的沉闷，每当发现一些正合适摆在家里的家具，能快乐很久。

勒・柯布西耶[1]《小小的家》

讲述勒・柯布西耶为母亲所建造的 60 ㎡ 左右的房子。大谷女士在大学时读到这本书，在确定与生活相契合的家的大小、路线顺序之美、家具选择等方面收获颇丰。

室内装饰店 Baileys

英国的人气内装商店。大谷女士想稍微给家里加点有意思的东西，就在南青山的"The Tastemakers & Co."买了"Baileys"的点心形状吊灯。

内田繁[2]《茶室和室内装饰》

这本书给学生时代的大谷女士很大影响。因为这本书，她开始留心将室内装饰要与日本人的生活相契合，比如空间里的布置不要遮挡视线、选择低一点的家具等等。

个人档案

大谷优依女士从多摩美术大学毕业后，在设计事务所工作。后来作为室内装饰造型师，在杂志、广告等领域活跃。2014 年结婚，现在与丈夫两人住在一居室的公寓里。

①勒・柯布西耶（1887—1965），生于瑞士，20 世纪著名建筑大师、城市规划家和作家。

②内田繁（1943—2016），日本设计师。

饭厅 & 工作间

用来做布局分割道具的，是英国商店"Baileys"的旧苹果箱搭成的书柜。把六只箱子的朝向间隔着改变，从两边都可以使用。在箱子上面放着插在瓶子里的大枝木通，有意识地强调了空间划分。整理的资料放在从"RECTOHALL"买的书架上。

工作空间

1. 电脑旁边装饰着金合欢。常用的夹子放在玻璃器皿里。

2. 从中国网站上买来的中国茶壶。自从去中国台湾旅行后，大谷女士就迷上了中国的茶器。

3. 旧的苹果箱用来做书柜最合适。

4. 夫妇两人都常在家里使用电脑，所以在宜家的储藏柜上放置在"东急 HANDS"买的木板，组成宽敞的桌子。

饭厅

1. 饭桌选了最小的尺寸，很有质感却不会显得过于古旧，因为中意这一点大谷女士为家人买下了这张饭桌。

2. 大谷女士喜欢能给空间增加故事感、有格调的东西。木头做的折椅很有趣，在狭小的房间也方便收放，十分适用。

厨房

3. 为了减少摆放的东西，把餐具统一放在篮子里，使用时拿取方便。

4. 刀具分种类放在玻璃杯里，再放到篮子里收纳。

5. 厨房操作台前的窗台是家中光线照射最漂亮的地方，把瓶子等能折射光线的东西摆在窗边，亮闪闪的样子十分好看。

1

2

3

4

1.白色而清洁的洗面室是以白熊为意象的，从"KURASUKA"
买的白熊蜡烛是空间的主题词。
2.洗面室里用竹编筐和罐子来收纳卫生纸等日用品，再放进
开放式柜子里。
3.蓝白条纹的床单上，随意地铺着"fog linen work"的盖毯。
购自"THE KONNAN SHOP"的木托盘放在床边，整个
空间散发出慵懒闲适的气氛。
4.隔出卧室的窗帘用漂流木挂起来，营造出自然温柔的氛围。

家装是一种和生活的自洽

选婚房时，大谷夫妇选择了这个建筑年限十年、产权面积 51 ㎡的一
居室租赁公寓，内装由装修公司"IDE"经手。

因为受空间限制，在几乎没有收纳空间的一居室中，装修的重点放在
了"便于生活"和"宽敞规划"上。

从玄关进来，面对阳台的空间作为饭厅，旁边是厨房。在有窗户的墙
边规划出两个人的工作空间。然后，利用公寓的房梁，在房间中唯一一处
收纳空间边上创造出卧室。

另外，为了在不遮挡视线的前提下进行空间功能的分区，大谷家使用
了中古家具、旧的收纳箱、布等有韵味的物品组成可移动式隔断。

在饭厅和工作台之间摆放的木箱，是从英国的内室装修店"Baileys"
买的旧苹果箱。从单身时代开始，大谷女士一个接一个地买回了这些喜欢
的箱子。因为堆高了会挡到视线，所以只叠成两层作为书柜，上面放着植
物等具有季节性的装饰物。隔开卧室和工作台的中古柜子，同样选用两层

抽屉的低矮家具，再铺上布，让它看上去温柔点。

柜子和饭桌都是从东京惠比寿①的买手店"RECTOHALL"买的法国中古家具。在外苑前的"Biotop"买的伊尔马里·塔皮奥瓦拉的椅子和在南青山的"The Tastemakers & Co."买的英国消防局使用的旧折叠椅子摆在一起。另外，让家鲜活起来的是房间里各处都装饰着的植物和小物件。

大谷女士说："造型师的工作是在心里描绘杂志版面，虽说要优先考虑看到的效果，但居家的第一要义是便于生活。只要想着打造出一个舒适的空间，自然而然地就会只在空间里摆放自己喜欢的东西了。"

大谷女士所谓"喜欢的东西"，不是锐利又摩登的东西，也不是看起来温暖自然的东西，而是颜色和设计都不过分强调自我的东西。比起"某某风"的流行，选择有自己特点的物品更重要。比起塑料，大谷女士家玻璃和木头等自然风格素材的使用创造出许多亮点。

崭新、便宜、方便等虽然重要，但如果想要打造舒适的空间，物品本身看上去会不会让人心情愉悦、感到放松更为重要。大谷女士这么想着，

①惠比寿，与下文中的外苑前、南青山，都是东京地名。

对买回来的东西全都爱不释手，结果家里相似的东西就越来越多了。

东西多的话想保持清爽，就不要过多地使用颜色。不过，大谷女士不优先考虑必要的东西，有些东西就算不那么必要，如果能让心情振奋，也可以在空间摆放一些。大谷女士点燃家里的白熊蜡烛，一缕淡淡的香气可以决定家中的"气候"。

不被既存的规则所限，适合自己生活的温暖的家是很棒的。生活一旦改变，家也会改变；家一旦改变，房间的内饰也会随之改变。"好想住在这样的家里"——很多人都有这样的理想。人们希望在外面的世界努力工作，回到家后能安心舒睡，这就是理想生活的家。

休息日晴朗的上午，温暖的阳光从窗外洒进来，大谷女士感慨着"有家真好呀"。与自己相契合的家，充满了温柔的光。

将墙上的印花胶合板剥下来，露出里面的混凝土砖，重新粉刷。装有空调开关的墙上，穴吹女士用自己采购的木材，让熟人帮忙做了一个开放式架子，下层放着频繁使用的壶和锅等厨房用品。

08

穴吹家
边居住边改造的舒适

□ APARTMENT（公寓）
■ SEPARATE（独栋）

面积：105.3 ㎡　　户型：2LDK
建筑年限：43 年
人口：5　　　　坐标：香川

**把干洗店重新改建后，
老屋变身豁然开朗的新空间。**

个人档案

穴吹爱美女士是美容师，每周工作四天。家庭
成员有：丈夫、长子（五岁）、长女（三岁）、
次子（一岁）。三层建筑的住宅里，一楼是卧室、
浴室、卫生间、洗面室；二楼是起居室、厨房
和饭厅；三楼是孩子们的空间。

我喜欢……

从定居高松起，就一直喜欢、爱不释手
的物品。

杂志 *Ku:nel* 和 *Lingkaran*

2003 年创刊的杂志 *Ku:nel* 和 *Lingkaran*，
穴吹女士从创刊开始订阅至今。

竹筐

穴吹女士觉得买竹筐是一件会上瘾的事。竹
筐可以放杂志、装衣服，摆在厨房可以成为
保存容器，作为收纳来用是万能的。穴吹家
的这些竹筐是在县内的"Patio"和"maroc"
等店购买的。

麦金塔边柜

英国麦金塔公司的这个边柜购自高松的杂货
店"dodo"，是穴吹女士在以前居住的地
方就一直用着的老家具，里面收纳有打印机、
电脑、文具等等。

伊尔马里·塔皮奥瓦拉的毛皮网椅子

这是芬兰的设计师创作的名作。很久以前，
穴吹女士在 *Ku:nel* 上发现了这种椅子，觉
得非常酷，于是在"haluta"的网店上一
口气买了三把。

茶具

穴吹女士从十多年前开始光顾的日用品店购
买的茶具。店主的选品非常出色，想要的东
西都能拜托他找到，他是穴吹女士最信赖的
店主。

起居室、厨房和饭厅

二楼是 40 ㎡ 的 LDK（起居室、厨房和饭厅）。为了将厨房、饭厅和起居室分隔开，在中间放了"TRUCK"的"FK 沙发"。在靠近窗户的墙边摆着爱用的麦金塔边柜，以柜子为主体向上延伸出一个开放式收纳空间，竹筐强调了装饰性收纳。

厨房

不锈钢制的厨房台面，是定制的无门式开放型台面（约 80 万日元）。大号贮藏冰箱上面也可以作为工作台。冰箱后面放着旧的教室桌子，作为孩子们绘画和写作业的地方。

1

2

3

1. 带盖子的竹筐是玩具的收纳箱。上面是乐高积木，下面是
"森林家族"。
2. 三楼儿童房的一部分用帘子隔开，里面是衣橱。
3. 玄关的开放式柜子是丈夫做的。"TORASUKO"的货箱
里是露营用品。
4. 每个人常穿的鞋子分别放在玄关台阶下的木箱里。

CASE 08　　穴吹家

终于邂逅了一直在寻找的舒适

在离闹市相当近的安静住宅街中，藏着一栋三层的建筑。穴吹夫妇邂逅这栋复古建筑，是在 2011 年。

"以前也是自己改装这样的旧公寓楼，然后再住进去。虽然预算也够，但我们找房子的时候对新楼和华丽的建筑没有太大兴趣。"穴吹女士这样解释选择住在老房子的理由。

这栋建筑年限四十三年的钢筋混凝土旧建筑前身是一家洗衣店，满足了穴吹女士对理想中的家要有宽敞空间的期待。钢筋建筑物，就像木造建筑一样不会留下柱子，方便打造成宽敞的房间。

穴吹女士喜欢上室内装修，是受到祖父的影响，在穴吹女士的回忆里，祖父从柜子到收纳盒都会亲手做给她。二十岁的时候，穴吹女士在高松开始了独居生活，家具主要是从二手店购买的，从店里面翻找出自己喜欢的东西时的心跳感像是寻宝，给穴吹女士带来了许多欢喜。

一向喜欢看相关杂志的穴吹女上，总是在心里描画出理想的房间的模

样。她没去过东京，大阪也没怎么去过，但在常去的香川本地家具店和杂货店里学到了很多东西。*Ku:nel* 和 *Lingkaran*，她从很多年前就买来看，至今也不舍得丢掉，在改建中这些杂志帮了很大忙。穴吹女士对想要让混凝土砖变好看的装修工说："让它们就这样露出来也没关系。"一边给工人看杂志，一边说明如何在玄关外侧壁面镶嵌上玻璃砖。混凝土砖的涂漆、黑色窗框的涂装、地板上油，都是她和朋友一起亲手完成的。

硬装快完成的时候，最先预约的家具是"TRUCK"的"FK 沙发"。"一个人生活的时候就一直很想买一个。银行的贷款敲定后，马上就去了从未到过的大阪的店面购买。一坐下来，果然很舒服呢……沙发外罩也能洗，不会脏兮兮的。如今，丈夫经常在沙发上坐着坐着就睡着了。"穴吹女士家的内装是以沙发为原点开始的。

爱用的麦金塔公司的边柜放在起居室，上面的开放式柜子、厨房的柜子和吧台都是 DIY 的。"阿科尔"的饭桌是从本地的日用品店买的，椅子购自杂货店"dodo"，伊尔马里·塔皮奥瓦拉的"皮网椅子"是在"haluta"的网店买的。

柜子上摆着的，是形状各式各样的大筐子、木箱和布包。根据形状、强度和尺寸，分门别类地放入东西，做到量才任用、方便整洁地收纳。"用筐子的话，收纳的东西和摆放的位置都能轻松地改变，也能反复使用，非常方便。"这是穴吹女士的内装法宝。

　　三楼之所以做成一居室，是想一边住一边改造，应和着孩子们的成长，根据需要来打造方便、舒适的居住环境。不管怎样，当下这一瞬间的格局，明天会变成什么样还未可知。这才是家，是人，是人的生活。

　　穴吹女士一边养育着三个孩子，一边每周四天外出做美容师的工作。每天早晨五点起床，直到孩子们晚上入睡，中间没有能坐到沙发上休息的时候，非常忙碌。"工作的时候常常想，要是能早点回家该多好啊。晚上等孩子们睡了，坐在起居室的沙发上，边看电视边放空自己的时候，忍不住觉得'家可真好啊'。"这是她关于家与归属的心声。

　　最近，穴吹女士从拍卖网站上入手了五年来一直在搜寻的餐具柜。这个宽 160cm 的餐具柜，品相并不是很好，但神奇地符合穴吹女士一直以来的想象，摆在预留的位置上尺寸刚刚好！

　　穴吹女士说起来家里的布置总是意犹未尽。

改建的时候拆掉了洋室的墙壁，做成了 20 ㎡ 的
起居室加饭厅。起居室的墙上，装饰着仿制的狩
猎战利品，这是受主人最喜欢的店铺"SNOW
SHOVELING"的启发而装饰的。

北川家
物品的故事，
就是家的故事

□ APARTMENT（公寓）
□ SEPARATE （独栋）

面积：73.9 ㎡　　户型：3LDK
建筑年限：45 年
人口：4　　　　坐标：东京

不拘泥于国家、流派和品味，
只选自己喜欢的东西，
自由地设计装饰。

个人档案

北川盛一先生喜欢足球、冲浪、旅行等户外活动，不过，他也喜欢室内装饰。他和太太、长子（十四岁）、次子（十岁）一起生活在 2015 年改装的公寓里。

我喜欢……

那些被物品击中的瞬间，有恍若飞升的美妙之感。

书籍 & 画廊

SNOW SHOVELING

"SNOW SHOVELING" 位于东京的驹泽。北川先生喜欢这家店从欧美采购的杂货、收藏品等。在成为店里的常客后，他和说话也很风趣的店主中村先生成了很谈得来的朋友。

格兰诺特咖啡的桌子

在大阪的堀江有一家咖啡馆，北川先生发现了用木头和铁做成的饭桌，此后便一直留在记忆里。自己家的桌子就是仿照那时所见，凭着记忆向铁加工公司定制的。

SATURDAYS NYC

这是一家在纽约和悉尼成立的冲浪系时尚买手店，如今在日本已经有五家店铺。北川家装修房子的时候，参考了其创始人科林·唐斯特鲁的起居室。

CREATIVE walls

这本书让北川先生了解到装饰墙壁的快乐。"SNOW SHOVELING"的店主中村先生推荐给北川先生的这本书，上面刊载了许多充满魅力的房间装饰，北川家的墙壁装饰仿佛是这本书在现实中的投影。

熊谷隆志先生

熊谷隆志先生是一位在造型、摄影等方面多栖的艺术家。在他位于神奈川叶山的自家住宅里，摆放着他以艺术家独到眼光挑选的中古家具和艺术品，整体看起来有一种理想的乱糟糟感。

1.DVD 面板上摆着象征亲子四人的大象工艺品，是北川一家在柬埔寨买的。家人准备翻阅的书已经堆成小山。

2. 北川家当作花盆架使用的是在古董市场买的烟灰缸。柜子上摆着阿伊努人①的木雕像、书籍和孩子们的作品等。棒球帽来自朋友过去所属、充满深刻回忆的瑞士巴塞尔足球俱乐部。

3. 起居室墙上挂着印象派摄影师扎克·诺尔的作品《无论如何，被波涛的表情所吸引》。

①阿伊努人是日本北方的一个原住民族群，居住在北海道、千岛群岛等地。

起居室

用旧材料手工制作的架子上放着北川先生最喜欢的城市——纽约的巴士路线图、"SNOW SHOVELING"的海报、鸟的工艺品等等。橙色的灯具是 20 世纪 70 年代的"NATIONAL"制作。

朋友制作的桌子、英国的中古沙发和美军转卖的一人座椅围成了起居室的空间。白色的灯具来自宜家。

饭厅

墙上贴着砖块，形成浓郁的美式风格。安迪·沃霍尔的海报左右，用"SNOW SHOVELING"的画框装裱着从摄影师阿诺德·纽曼的书中剪取的内容，他曾经给沃霍尔以深刻的影响。

儿童房

墙上挂着英国艺术家 Lesley & Pea 的作品，是北川太太从中古商店 "NO NAME PARISH" 找到的。

厨房

北川太太的专属园地。"SATURDAYS SURF NYC"的咖啡罐、锅等以黄色和橙色为主的日常用具摆放在这里。

卧室

1. 一面墙被涂成了淡蓝色，在曼谷买的佛头被当成装饰挂在墙上。
2. 装裱的画是夏威夷餐厅里菜单上画着的作品，购自夏威夷珠宝商店 "Mountain"。

1

2

3

4

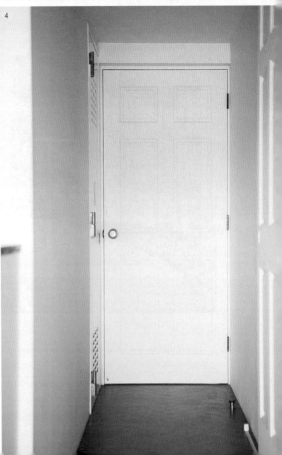

1. 澳大利亚的冲浪商店"DEUS EX MACHINA"在日本开业时的限定海报。
2. 玄关边的墙上，是东京驹泽的咖啡馆"普利蒂辛"的海报，木雕的鸟从筐子里向外张望。
3. 玄关边的墙上挂着每个家庭成员的登山包和帽子。
4. 从起居室一直延伸到玄关的白色门和斜纹的地板十分契合。

我所欣赏的是背后有故事的物品

"附近有很大的公园，可以踢足球、跑步，也有不错的咖啡馆，可以不时和朋友相约。冲浪的话，开车去也用不了多久，我们今天早晨刚从海边回来。"北川家的周末清晨就这样开始了。

因为想住在这个街区，两年前，北川先生邂逅了这座建筑年限四十五年、视野良好的公寓，很快就着手改建。

装修的参照物是"迄今为止游历过的最特别的地方"——纽约的公寓和在国外看见的酒店等建筑，外文书也提供了灵感。墙壁刷成白色、地面铺上斜纹的地板。玄关设有土间，拆掉从土间到儿童房的墙壁，做成开放式空间，体现了对明亮感和开放感的重视。

给各个空间增添色彩的正是墙和柜子上的装饰品。

"看室内装修的外文书时，就觉得'自由地装饰墙壁'的风格很不错。因为工作出差、为了兴趣参加的足球队远征，我在国内外旅行的时候，非常喜欢去当地的跳蚤市场和露天市场。家里有很多从旅行地带回来，充满深刻回忆的物品。"北川先生说。

非洲部落的面具、柬埔寨的大象工艺品、纽约的公交路线图、泰国的藤球、不知为何在冲绳买的阿伊努人的木雕、北海道的木雕熊……这些东西摆在起居室的柜子上，品位和风格各不相同，但却产生了不可思议的统一感，散发出沉稳的气息。

北川先生的家装哲学是把素材和色调相近的东西摆在一起，看起来就不会觉得杂乱。虽说尽是些北川先生自己喜欢的东西，不过家人们好像也很喜爱。北川先生笑着说："我本来还想找一个真的牛头盖骨，不过在妻子的反对下放弃了。"

饭厅的墙上贴着及腰的砖块，墙上是北川先生最喜欢的安迪·沃霍尔的作品和从阿诺德·纽曼的书中剪取的照片，都是北川先生视若珍宝的艺术品。

北川先生内装的出发点是自己的兴趣——足球和"披头士"，加上常常去海外旅行，深深感受到跳蚤市场的乐趣。随着年纪增长，对历史和艺术的兴趣也渐渐变广，装饰家的过程可以说是北川先生实践"读万卷书，行万里路，阅人无数"的人生理念的一种表达。

与人和物的邂逅拓宽了新的兴趣，解开一个问题，又遇到一个新的课题。研究越深，越觉得有趣。不知从什么时候起，北川先生选东西不再问品牌，也不追求精妙的设计，而是关注物品背后有没有隐藏的秘密。

他举例说："如果店主讲的关于某件东西的来历很有意思，就算是平时不会买的东西，或是价格高一点，我会意识到东西本身的魅力而动心买下来。孩子们制作的充满回忆的作品，我也想无条件地装饰起来。比起外表，我觉得物品背后的故事更重要，可能正因为有这样的心情，才会想把它们摆在房间里，时时看到。"

一个家中容纳的物品，体现了人与人之间的联结，也能看到主人广阔的兴趣。更自由、更自我地享受室内装饰、享受人生——北川先生的家，让人感受到这样的魅力。

雪白的墙上简洁地嵌着并排的窗户，这里是松山家二楼的工作间。朝南的房间采光很好，对多肉植物来说是十分舒适的地方。大大的旧工作桌是从栃木县的旧道具店"SCALES APARTMENT"买的。桌子下面的旧竹筐是垃圾箱，旧的托盘用作垃圾箱的盖子刚刚好。

松山家
多肉植物之家

☐ APARTMENT（公寓）
☐ SEPARATE（独栋）

面积：120.4 ㎡   户型：2LDK
建筑年限：1 年
人口：3   坐标：琦玉

以古旧家具、
道具和多肉植物为主角，
如同白色箱子一般清爽的和谐之家。

个人档案

松山美纱女士是多肉植物仙人掌专卖店
"solxsol"的创意总监，传播多肉植物的
魅力是她的生活乐趣所在。

我喜欢……

迄今为止、从今以后
都可以作为生活轴心的东西。

旧家具

一点一点收集起来的家具，松山女士每件
都很喜欢。"很久前买的这张饭桌，至今
还在用呢。"当时还只有二十几岁的松山女
士，跟父母住在一起并不缺桌子，她还
是因为喜欢而买下了。

多肉植物

二十几岁的时候，松山女士因为喜欢多肉
植物的样子而开始收集。收集得越多，兴
趣越浓，渐渐发展成了职业。松山女士热
爱多肉植物的理由是把它们作为装饰品，
可以给空间增添色彩，养起来也很容易。

古董品和大师的作品

从古董市场和旧道具店一点点收集来的古
董品和大师作品，基本上都是白色和玻璃
材质。做饭的时候思考用什么盘子、怎
样盛才好，是松山女士做饭的乐趣所在。

勒·柯布西耶的"小小的家"

在杂志 *Ku:nel* 上看到了柯布西耶为父母
建造的屋子。日内瓦湖①畔矗立的房子，
白色的建筑与自然的光影形成美丽的调
和，松山女士决心总有一天也要住进这样
的房子里。

海宁·施密特

是跨越爵士、古典等多领域的世界级钢琴
家。从松山家现在的房子能看见树丛，打
开窗户能呼吸到新鲜的空气，与他的音乐
很相配。正是被这样的风景所吸引，松山
夫妇决定在这里建造自己的家。

①日内瓦湖是阿尔卑斯湖群中最大的一个，也是世界最大的高山
堰塞湖。湖面面积约为 580 平方千米，在瑞士境内约 363 平方千米，
法国境内约 217 平方千米。

厨房

在 "SCALES APARTMENT" 买的旧橱柜
收纳着调味料和玻璃食器等，松山女士很喜欢
橱柜木头和玻璃交汇的质感。黑灰色的厨房
台面用的是比利时 BEAL 公司的灰浆类建材
"MORUTEX"。

饭厅

在饭厅里使用的中古台灯"GRAS"是丈夫送的代替结婚戒指的礼物。折叠椅和木制椅子是从琦玉·东松山的"ANTIQUE"、国外购物网站"SEKAIMON"、古董市场等地购入的。

起居室

1.旧蒸锅、玻璃器皿等作为花盆来用,多肉植物们也很高兴。

2.老式急救箱的设计,当作装饰品很有个性。

3.这个贴有铁板的桌子是从东京·目黑区的旧道具店"YUZE"买的,它曾经是学校的课桌。

洗面室

4.浴室的玻璃门达成了空间明亮的开放感。在"MORUTEX"买的台子上摆着旧镜子,营造出复古又时尚的氛围。

洗手间

5.洗手间的水龙头是松山女士在"ANTIQUE"买来自己安装的。洗面盆来自意大利其艾诺公司的"SYUI COMFORT"。

工作间

床的对面一角是工作间。把旧家具组合起来，收纳着关于多肉植物的书、文件等工作资料。立在墙边的长木板，是为了在踏入式衣橱中做柜子而准备的。

1. 在古董市场上淘到的镜头，别人送的埃及沙子等等，作为图像源被心血来潮地摆在一起。

2. 从 RARI YOSHIO 先生的店里买的装植物球根的箱子（右），还有不舍得扔掉的充满人情味儿的纸箱，左边的箱子曾经装过旧放映机，现在收纳着纸张。

卧室

1. 现在孩子还小，二楼没有特别做隔断。一居室的一角铺上床垫，一家人就这么睡在上面。旧的展示箱里放着孩子的毯子。没用完的信封捆成一束。

2. 打算用作收纳瓶而购买的旧玻璃瓶，什么也没放，单纯作为摆设已经很有生活的情趣。

3. 为了隔开空间而摆放的柜子购自"SCALES APARTMENT"，松山女士喜欢推动柜门旧玻璃折射出的晃动的光。

1. 在白色的旧器皿和朴素的白铁皮杯子里种花养草是松山女士的习惯。
2. 不知看过多少遍，让我建立起构筑自己家愿望的梦想之书——勒·柯布西耶的《小小的家》。
3. "白色的长方形的家"的建筑模型。
4. 在房屋用地内的温室里，松山女士每天悉心守护着多肉植物们。
5. 陶器、玻璃、植物，组合在一起充满古旧的情味，是松山女士喜欢的素材。

不惜时间，养育出美丽的家

广阔天空下满是无垠的麦田，麦田的尽头是森林。安详宁静的风景之中，静静伫立着白色长方形箱子般的松山女士的家。

松山女士说："我在杂志上看到勒·柯布西耶为了年迈的父母建了'小小的家'，这也成了我建房子的范本。自然地融入日内瓦湖畔风光的房子、室内的白色色调、从窗外洒进来的美丽阳光，都给我留下了深刻的印象。"

想建一间院子里有多肉植物温室的家——寻找建房地址的松山女士遇到这片贴近自然的土地时，对柯布西耶家的记忆与在脑海中描画的理想之家的形象，自然地重叠在了一起。

这是松山女士一直憧憬的，在自然之中静静伫立着的、简洁的、白色的家，也是拥有四季更迭的风景、能充分享受美丽日光的家。以白色为基调，不刻意强调自然、不过分冷感的家中，被松山女士珍惜地一一收集来的旧物和作为生活工作一部分的多肉植物是绝对的主角。

松山女士对旧物着迷，是从二十几岁开始的。最初以花卉装饰家为目标的她，在邂逅了多肉植物后，因为被其可爱的样子所吸引，成了多肉创意总监。为了尽量挖掘出当时接受度还不高的多肉植物的魅力，松山女士常去古董市场寻找花钵，以此为契机，爱上了中古品。

旧物之中，有新品所不具备的情味和风韵，而且价格还更合适，松山女士完全被古董市场和旧道具店吸引了。

从那以后，橱柜、桌子、水龙头、钩子、门把手之类的小物件都是想着将来建造自己的家能用得上而购买的。这些中意的物品，在新家中再次焕发生机。

在橱柜上摆放着的器皿，也是花费了相当长的时间收集来的。有欧洲的旧物、昭和初期的库存品，也有最近手艺人的作品，比如在益子制作陶器的石川若彦先生的陶器，每个都是白色的，却不会给人单调的感觉。这些陶器经历的时间酝酿出风味，变化成了有深度的白色。

"家具的木头也好，器皿的白色也好，它们都有我喜欢的质感和格调。木头的话，最好是稍微有点干燥发毛的朴素品；白色器皿，最好是有点古董品气质的东西。"松山女士的取向，二十年来从未改变。

与旧道具一样，装修也是从时间中生出魅力的事情。松山家的地板选择了橡木材料，之所以没有涂漆，是因为松山女士喜欢树皮纹理的变化，在生活中地板产生的伤痕和坑洼都是这个家的表情，她不想错过。之所以选择把墙壁涂成全白，是想靠自己和家人的手完成涂抹和修补。

"我不希望自己的家在刚刚建成时最好看，而是能随着时间流逝越发美丽。现在我家虽然看上去像个白色的箱子，但之后的日子里，家人能够根据各自的喜好，给它增添色彩。我希望能够一边住着一边增添修改，在真实的生活情景中充分地栖居。"

如今，松山家入住新房一年了。偶尔改换家具的布置、改变装饰的模样，依然是松山女士喜欢做的事情。

"我特别喜欢待在家里，成天想着室内装饰和院子里的植物。"对于自己不开店的松山女士来说，这个家就是她表现自我的场所，是充满她喜好的生活空间。

在被喜爱的旧物环绕的家中养着多肉植物，与家人享受日常生活，是松山女士人生的轨迹。对她而言，工作和生活，都是因为坚信着自己喜欢的道路，像车轮一样缓缓向前，才自然地形成一条又一条圆满相交的路线。

Spice up Your Home

with

Good Music

on

the Rock.

摇滚音乐让你的家兴奋起来

3 专栏 COLUMN

让旧物再生

 仁平 透 先生   "仁平古家具店" "pejite" 店主

与古旧和式家具的朝夕相处中，
见证优质的素材和职人的手艺相互作用，熠熠生辉。

只要有一件旧物，心情便能安定下来

在栃木县益子町的真冈市，仁平透先生拥有三家店铺，专门经营从日本各地收集来的稀有古董家具。每件家具都有其独特的经历与背景，仁平透先生带着敬意将它们修复完好，使它们有别于单纯的古董，而是能更好地适应现代生活，从而吸引室内装修爱好者。仁平透先生既主张"再使用"的观点，又传达了日本古旧家具的魅力，让我们向他了解古旧物品的魅力吧。

——您是从什么时候开始变得"喜欢旧物"的呢？

从小时候起。不知道为什么，我天生容易被充满怀旧感的物品吸引。无论音乐还是电影，我都不喜欢"本周排行榜前十"这些最新的潮流，而是更喜欢过去的作品。选购服装，我对名牌衣服没有太大兴趣，学生时代开始自己搭配古着。现在想起来，我之所以喜欢与众不同的"旧物"，可能是为了彰显自己的存在吧。

——那么这与您的工作产生联系，有怎样的契机呢？

从学校毕业后，我去了东京，在一家中古唱片店工作。后来因为各种

原因而回到老家，虽然在一些公司工作过，却没有找到值得做下去的理由，工作一段时间就辞职了，这样反复了好几次……渐渐地便觉得靠自己喜欢的事情来生存，做个体户也不错，于是在 2004 年开了咖啡馆。咖啡馆可以容纳我喜欢的唱片和中古家具，但如果当成一辈子的事业来考虑的话，在经营层面上我对将来感到不安，于是转到了经营古旧物品的销售上。

结果，不仅是买卖旧物，我也喜欢上了修理和维护，也就形成了今天的工作。现在回想起来，小时候的我就会自己把壁橱里沉睡的东西加工成玩具，上了中学后我还把捡到的家具修理好放在自己房间使用，这些愉快的记忆让我意识到自己可能找到了适合做的事。

——选择商品时有什么原则吗?

在真冈和益子开设的"仁平古家具店"的家具，以昭和时代的东西为主。这些日本古家具使用的材料很优质，今天如果要做同样的新品的话，会非常贵。我想以更合理的价格来经营这样的家具，让更多的人了解到古

家具的魅力。

另一方面，2014 年开设的"pejite"主要经营从明治到大正时代的家具。在文明开化时代制作的家具，受到西洋的设计和日本传统装饰的双重影响，可以管窥当时职人的技术和功力。基本上都是一件一件的定制家具，总之都很棒。我想让这些制作和外观都很出色的家具，在现代重生。不过我这边不仅仅限于古旧家具，也经营手工制作的物品。为了让特地远道而来的客人满意，我的店里不卖在哪儿都能买到的商品，主要出售在益子本地认真持续创作的制作者们的作品。

——两家店的这种商品区分，是自然形成的吗?

现在我每个月要去全国各个家具市场出差，每次进的货能把一辆载重两吨的货车装满。最初开店的时候，我对进货很恐惧。做下去后，鉴赏物品的眼光也渐渐提高了，自己能修理的物品范围也扩展了，迄今为止所经营的便宜又容易引进的商品就显得不够了，于是想做一些价格贵一点但是有保留价值的出色商品……这时候，益子车站附近有一家很大的米仓库要

出租，那里天花板很高、空间宽敞，不仅能做到"摆放"家具，还能做到"展示"家具，"pejite"就这样开张了。与这个地方的相遇，大概是命中注定。

——店里摆放的商品虽然年代不同，但是看上去却有统一感，平时是怎么修缮的呢？

基础的流程是一件一件用水洗干净，但我们店里还要加点工序。具体来说，就是使用专门的药剂，去除家具上面的涂料。也许有人喜欢古董品上面原有的黑色、茶色等浓一点的颜色，但对于现代室内装修来说，总显得有些沉重，所以我把它们加工成本色的木料。当然，如果原样更好的话就不会动了，改变了颜色的家具给人的印象也会大幅改变。

另外，我们也会做焊接商品以及特别定制的商品。比如，饭桌是现代家居的高人气单品，但从明治到昭和时代日本几乎都是用榻榻米上的矮脚食桌，市面上很少有饭桌。于是我就用储存的旧材料做桌板，焊接上铁制的桌脚做成饭桌。

——您自己家里摆的家具与店里的有什么不同吗？

我家尽是旧家具。不过，我对选家具没有什么执着，来玩的人如果说
"想要这件"，我很快就会说"好的好的"，把东西让给人家。因为喜欢
旧物所拥有的氛围感，只要是大小尺寸刚合适又有用途的东西，适合我家
生活的家具就是最好的。

古家具的魅力在于每一件都有自己的故事，从哪里流出来，又将流向
哪里去。我们的生活就是这循环的一部分，想到这点就会感慨万千。

——在室内装修方面需要注意的有哪些？

储藏进货家具的仓库和做修理的工厂之间就是我家，于是我家也成了
员工的休息场所。我时常注意不要让家里变得过于杂乱，因此摆放了许多
橱柜和衣柜，它们能藏起杂乱无章的东西，收纳能力超群，柜子真是有用
的家具。

在我家，不会藏起来的东西是鞋子。我喜欢皮鞋，连出差的时候也会

带着鞋子的保养用品。养护它们的感觉和家具一样，放在通风良好的地方皮革才能长期保存，所以把它们收纳在开放式柜子里。

——对于仁平先生来说，打造"舒适的家"需要哪些条件？

装满喜欢的东西，对居住者来说有刚好的空间，活动方便的户型。

对我来说，怀旧的东西不可或缺。还有，因为是一个人住，相对紧凑的户型生活起来更方便，饭厅、起居室、厨房与各房间之间不需要门隔开。我家原本有拉门和障子，除了必要的地方之外我都拆了，家里能很轻松地转个来回。日本建筑的拉门和障子很容易拆卸和安装，门不动的话也能作为墙壁来用，这种灵活性很好。

——怎样做才能打造出舒适的房间呢？

将硬装的部分交给专业人士，试着自己来做软装的部分。我家换地板和拉门时的缝隙填埋等需要小心谨慎的工作，我拜托了附近的工务店；刷涂墙壁、制作洗面台等，自己来完成，既能节约经费，自己花了功夫也会更加热爱。要是喜欢古旧家具的话，我会自己做点活儿，自己做活儿的痕迹与古旧家具很相衬，就算有一点失败，也能成为韵味所在。

进一步说，所谓舒适，不同的情况下所要求的条件也不同。家装要与当时想要做的、家人的成长结合起来。住房的"形状"改变，我觉得是很自然的，我的朋友为了把住房的一部分改成餐馆，于是自己动手扩建。居住空间不仅是一个装着人与物的箱子，充分体现个性的外观也很重要。就算不能完全达到理想的样子，也试着享受布置家的过程吧。

仁平透
Toru Nihei

古家具的魅力在于每一件都有自己的故事，从哪里流出来，又将流向哪里去。

经营栃木县益子町的"pejite""仁平古家具店益子店"和真冈市的"仁平古家具店真冈店"，也做使用古家具的店铺内装。

4.专栏 COLUMN

宁 静 与 快 乐 之 间

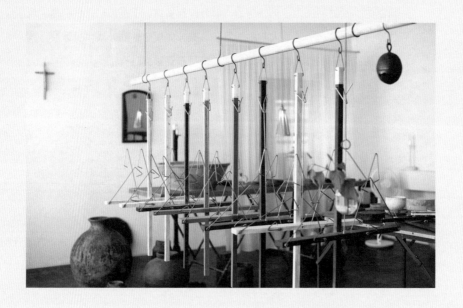

chikuni 先生

室内装饰家

我想创作出沉静优美的作品，
让人如同伫立在水墨画的留白之中。

对旧物的喜爱和从机能中产生的形态

在取材地经常能看到在空间中静静站着的灯和挂在墙上的书档。这些既是艺术品又是家具的物品，是"室内装饰家"chikuni 先生一件一件手工制作的作品。关于这些释放着沉稳存在感的作品形成自己独特风格的经过，以及 chikuni 先生对舒适空间的理解，让我们去他在横滨的"10watts field & gallery"工作室兼陈列室问问吧。

——您是从什么时候开始创作作品的呢?

从 2007 年左右开始，我在那之前做过很多工作。学生时代学的是建筑，毕业后去一家商业空间设计的公司就职，主要从事商业空间的内装和日常家具用品的设计，但在经济泡沫破灭后，整个行业都变得不景气了。我想最好自己能掌握点技能，于是转到另外一家建筑外观设计公司，在那里学会了铁制品制作的技术。但后来发觉自己还是想做内装方面的工作，又转职到了家具店。店里经营中古家具，因此我就学会了家具修理和木工的技术，也取得了旧货商的资格。从那家店辞职独立后，我为一个熟人开的咖啡店制作家具。2007 年，那家咖啡店主办工艺品展的人来找我，劝我展出自己的作品，于是我在一个叫"从工房吹来的风"的展会上展出了作品，

这是我开始创作的契机。

——那您最初就开始制作家具吗？

是的，我一开始想做家具工匠，但在工艺品展上第一次听说还有"工艺品作家"这份工作后，受到了冲击。迄今为止制作家具而产生了不少边角料，但因为工作室位于街边，不能用作木柴，于是就想试着用这些边角料来制作盆架子、灯之类的，加上我曾以室内装饰设计为职业，想利用这部分的经验，便开始做装饰小物。

——"chikuni"这个名字和"室内装饰家"这个称谓是怎么来的？

因为自己也作为一名工艺品作家工作，就考虑给自己想一个"作家名"。在一本书里读到，阿伊努语中"chikuni"是"树"的意思，就用它作为我的作家名了。

但我不只是做木制品，也做铁制品等等。有人专门做木工，有人专门做铁艺，那么我该做什么呢？——当我这样思考的时候，想到自己既制作装饰室内的物品，又做室内装饰的设计，要是有个头衔的话，"室内装饰家"应该比较相称吧。

——如今您作品风格的"源头"是什么呢?

很大程度上受到邂逅旧物的影响吧。年轻的时候，我更喜欢现代化设计的家具，偶然转职的家具店既经营中古家具也经营现代家具，虽然是同样的设计，但有百年历史的东西，比较起来果然还是很不一样。从那开始我就被古董的魅力所吸引，取得了旧货商的资格后自己也能开始进货了。和富有意蕴的旧物打交道，很多时候就是从这样的东西中获得了设计的灵感。

目标是打造融合了沉稳与快乐的空间

——从您的作品中，能感受到一种性冷淡风呢。

虽说很多作品的灵感是从旧物中获得的，但本来我也很喜欢现代设计，学生时代也受到了包豪斯①的影响。这些大概与机械式的设计和性冷淡风格有千丝万缕的联系吧。我的作品既有室内装饰品，也有道具和工具，都是在确保机能性的构造基础上设计出来的。

比如，看上去像十字架的"book on the wall"（P137页右图），设计中完全没有宗教意味，是从机能出发的造型。我本来就很喜欢画册，想要把它竖起来做装饰。日本的古道具中，有一种叫"书见台"的道具可以让人躺着读书，但只能摆放文库本大小的书。把它与画画时使用的画架结合起来，就是"book on the wall"的雏形。把书中喜欢的那一页摊开来展示，比把画和照片用画框裱起来更轻巧。构思出了装置的形式，找到粗细调整得刚刚好的材料，加以设计就成了现在的形状。一般做木工的人，不会把纵轴做得这么细，但限于木材本身形成的这番模样，我也尝试过不同长度

①德国魏玛市"公立包豪斯学校"的简称。它的成立标志着现代设计教育的诞生，对世界现代设计的发展产生了深远的影响，包豪斯也是世界上第一所完全为发展现代设计教育而建立的学院。

的轴，最后决定为目前的成品尺寸。铁的部分，如果比现在更粗的话，就会显得杂乱无章，太细的话又显得贫弱无力。铁丝要怎么弯才漂亮，我也做了不少尝试，最终做出了这样的形状。"book on the wall"诞生时的喜悦我至今还记得，它是我的得意之作。

——在您家里也能看到不少灯呢。

看看外国的中古灯，有许多是挂在墙上的。我发现日本人在空间利用上很少使用墙壁，就想要做一些即使不用装修工作也能使用的挂壁式灯，虽说做出来也可能卖不出去。最开始是从旧道具上把零件拆下来做灯，找到这个小电灯泡后（本页中图）就成了这个样子。虽然是"YAZAWA"公司的 10W 灯泡，但因为是无影的设计，直视既不会感到炫目，也不会过分发热。另外，这种壁挂灯耐震性能很高，在东日本大地震的时候一个也没有从墙上掉落。

——看到这么多家庭在使用您的作品，有什么感想吗？

老实说，很开心。在空无一物的墙上孤零零地挂着"book on the wall"、钢琴上简单地摆着"圆台座灯"，看到物品与空间的留白一起静驻，我收获了至高无上的喜悦。

——留白似乎与紧张感有关，您认为怎样才能打造出舒适的家呢？

之所以追求留白，并不是为了消除紧张感，我的初衷是希望物品能美丽又宁静。在制作前我会画草稿，也会想象物品挂在墙上或放在桌上的样子，想着"这样看上去很宁静该多好啊"。所以我认为比起留白，我更想实现的是宁静感。之所以重视宁静感，是因为它能让人感到放松和安心。如果只有美，室内装饰就会有一种紧张感，所以我的作品里设置了很多可活动装置。

——您自己在家里很放松吗？

我自己住在老家，房间里有使用的巨大机械，也有猫，但我一点儿也没有感到拘束。对我来说，那是我出生长大的地方，不论什么样都令人安心。但是，工作室里全是我喜欢的东西，这与在家放松的感觉不一样。实际上我在工作室的时间更长，所以不会在这里放自己讨厌的东西。每月一次我会改变这里的摆设，不拘泥于国别和年代，只要形状和素材是自己喜欢的就进行陈列。对我来说，工作室是舒适又放松的空间。

——今后想做什么样的作品呢?

想做"经典的唯一品"。比如,如果用新的铝板来做"铝时钟",虽然看上去很漂亮,但就变成了工业制品流水线般的产物了。我会从古董市场买旧的铝制食器作为素材,形状虽然是经典的,但做出来的东西只此一件。我觉得把这样的东西装饰在墙上很不错。在墙壁装饰方法上,日本人的做法还很单一,我想做出既能在墙上做装饰又有实际使用价值的东西。在此基础上,虽然我不认为自己能超越自然造型的美,但我希望能做出像树枝自然伸展那样优美的作品。

chikuni

看到物品与空间的留白一起静驻,
我收获了至高无上的喜悦。

1970 年生于横滨。工作室以前在横滨的反町,2016 年搬到了距离关内站徒步六分钟左右的地方。在工作室兼展示室里,举行中古物品和其他作家作品的展示贩卖,也用作企划展和音乐会的会场,同时也是chikuni 先生创作作品的工作间。

饭厅角落的墙上挂着身为西洋画家的爷爷——宫胁晴先生的画作，下面自然地摆放着从法国买的中古"7号椅"和阿尔瓦·阿尔托的"Stool 60"。

宫胁家
用年代感打造家的细节

我喜欢……

将在心里留有回响的东西，
一件件纳入家中。

□ APARTMENT（公寓）
■ SEPARATE（独栋）

面积：130.0 ㎡　户型：2LDK+ 工作室
建筑年限：3 年
人口：3　　　坐标：东京

在摩登而简洁的空间里，
品味安静优美的古旧物品，
余味更深。

巴黎

宫胁先生从 2001 年开始在法国住了十年。
从朋友的公寓到常去的商店、咖啡馆，巴
黎的风景一直留在宫胁先生的脑海里。

THE CONRAN SHOP

"THE CONRAN SHOP"最初在东京
开店时给宫胁先生的震撼很大，如今他也
时不时地去买东西。

瓦格纳的 THE CHAIR

宫胁先生在东京的展示会上发现了汉
斯·瓦格纳的名作椅子"THE CHAIR"
的中古品，一时冲动就买下的理由是"很
喜欢它作为艺术家初期作品而独有的强烈
力量感"。

RALPH LAUREN

"我很喜欢它家在表参道和巴黎的店，建
房子的时候也常去找灵感。我们家大片的
白墙就是受其影响，我也很欣赏它家对布
料的使用。"宫胁先生说。

阿尔瓦·阿尔托的 Stool 60 椅子

只要是和这个阿尔瓦·阿尔托的三脚椅子
不合的家具，宫胁先生就不想摆放在家里。
它就是宫胁家如此重要的家具。

个人档案

宫胁诚先生在法国做了十年古董商，2012 年
回国后，在东京的驹泽开了古董商店"宫胁
modern"。现在与太太、女儿（四岁）住在一起。
http://miyawaki.biz

饭厅

设计简洁的边柜和桌子，是从之前的居所就在用的
定制家具。中古的"THE CHAIR"和夏洛特·贝利
安的皮革椅子等旧家具，散发出宫胁家独特的个性。
黑色的宝宝椅是"BRIO"的。吊灯来自"FLOS"。

1. 购自法国的旧台灯和镀镍的冷酒桶现在还活跃地"服役"中。旧陶器罐里收纳着遥控器和小纺纱机等小物件。
2.19世纪法国的玻璃容器里，满满地插着庭院里的蓝桉树枝。摆在前面的是古丹波①的一枝花插瓶。

①丹波，日本六大古窑之一，位于兵库县。

3. 英国的旧工作台与"伊姆斯"的"SOFT PAD GROUP · EXECUTIVE CHAIR"、德国的台灯一起组成了工作角。
4. 一百多年前的"JI AN"碟子，以及喜欢料理的宫胁先生中意的濑户烧的酒钵。
5. 没有杯脚的中古玻璃器皿，实际上相当罕见。两边的是法国制品，中间的是比利时或荷兰制品。

舒适的起居室有很高的天花板。一百多年前的法国镜子前是里面
填满稻草的旧"施泰夫①"玩偶。在"THE CONRAN SHOP"
买的沙发的边上，放着作为边柜使用的法国制船旅用旧箱子。德
国包豪斯时代的凳子，在横木上使用了铁，质地刚健。充满年代
感的细节是宫胁家客厅里的有趣场景。

①玛格丽特·施泰夫，出生于德国北部
一个裁缝家庭，世界上第一只泰迪熊的
发明者。

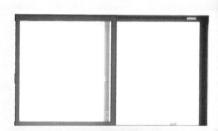

起居室

1.花盆边的容器是用来计量谷物的旧式法国量斗。

2.起居室通风窗边装饰的梯子是法国的中古家具。

3.黑色画框里裱着一百多年前的干花。当时的人似乎作为兴趣爱好流行制干花,记载着摘取的场所和年月信息的卡片也一起保留。墙上装饰着女儿的照片。

1. 靠近玄关的地方摆着一个旧的日本木制邮筒，女儿会把给
爸爸的信放进去。
2. 一楼的工作室里有比利时内斯特马蒂公司制的柴火炉。墙
上贴着与巴黎地铁站同样的瓷砖。
3. 工作室里摆着钢琴等在店里放不下的大型中古家具。
4. 中古人形模特衣架的脖子周围贴着棉绒，每一根手指都
能动。宫胁先生幻想巴黎的高级住宅里旧时人们使用这些
衣架盛装打扮的场景。

让旧物在生活里复苏，让平淡的日常风景变得繁盛

　　白色的墙壁包围出现代化的空间，中古家具和小物件不经意地摆在室内各处。宫胁先生的家虽然是几年前才建好的新居，却像是长年以来就存在似的，散发出沉静的氛围。

　　出生于祖父母都为艺术家的家庭，宫胁先生从小身边就围绕着众多美丽的古旧物品。十几岁的时候，他开始收集古着和旧打火机，但当时似乎没有想要从事与古董相关的职业。后来，宫胁先生偶然间开始在中古商店工作，独立后去了法国，在那里做了十年的古董商，归国后开了现在的店。

　　"素材和设计出色的东西，不论过了几十年、几百年，依旧会为人所珍视，物品本身在时光的打磨下会越发出色。而且，根据主人的不同，每天被使用的旧道具，又产生各自独特的风韵。如今我每年大概要去两三次法国或荷兰进货，挑选的都是虽然籍籍无名但仍旧美丽闪耀的物品。我经常把买回来的古董试着放在家里看看效果。"宫胁先生对旧物的喜爱溢于言表。

　　在自己家中享受的古董，除了专程去欧洲买的，还有在工作以外单纯

因兴趣而收集的日本古董。简洁的空间放置现代定制家具，将古旧家具作为提亮的元素，是宫胁先生的风格。

宫胁先生建房子的时候，想让内装尽量简洁。窗户建得很高，能看到靠近窗户的大树，阳光可以时时刻刻洒进来，打造一个能感知四季推移和光影变化的家。

这还是一个减少空间隔离，能让家人感受彼此气息的家。

工作室、起居室、饭厅和厨房在跃层上，通过柴火炉的烟囱以楼梯井相连，从最上层的饭厅也能看到半层之下的起居室中家人们的样子。宫胁先生说："请朋友来家里做客，大家坐在楼梯上各随己意，在厨房里忙活的我们也能一起开心说笑，我很喜欢这样。"

为了建成这样的户型，需要重视建筑的隔热性能，也多亏做好了这一点，夏天只要一台空调，冬天只需一个炉子，一家人四季都过得很舒适。

因为生活中需要考虑家具的功能性，比如尺寸是否合适、柜门开合是否省力等等，用现代的家具和设备能创造许多便利。不过，如果全部用现代家具风格会有点生硬，加上圆融的中古家具，整体就变得协调许多，宫胁先生觉得这就是中古家具的魅力所在。

宫胁家装修的时候参考了夫妻喜欢的商店"RALPH LAUREN""THE CONRAN SHOP""ANTIQUE TAMIZE"以及私交甚好的店主吉田昌太

郎夫妻位于黑矶①的家。

宫胁先生在家里感到舒适的瞬间，是午后躺在沙发上读一本书，是夜晚在桌边喝一杯威士忌……

家应当成为肉体和精神都可以放松的场所，能够一边享受不过分用力的室内装饰，一边让人往更好的方向发展。

①黑矶，日本地名，位于日本栃木县北部。

儿童房的一角，在朝南的窗户旁用木板 DIY 了一个"山中小屋"。孩子们爬上爬下玩捉迷藏，这里是他们在家中最合适不过的游乐场。用胶布把 A4 纸粘在地板上，孩子们在上面作画。

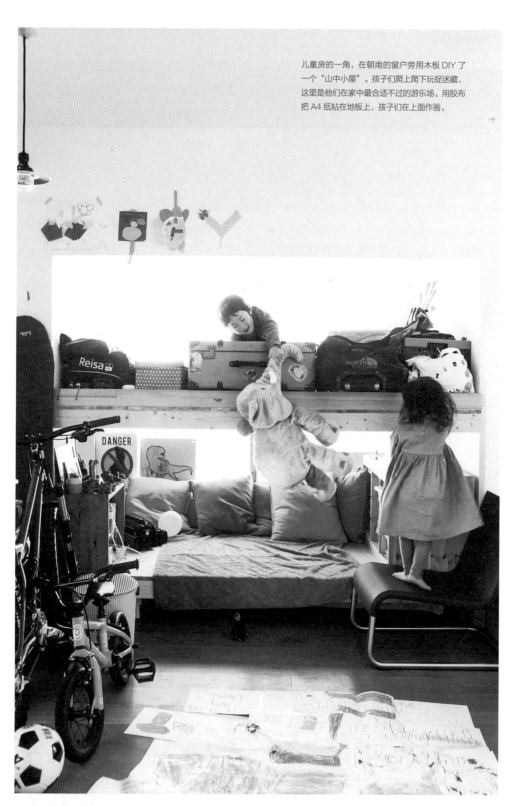

Y 家
身处都市，如在自然

我们手中的一切，将成为我们的生活。

☐ APARTMENT（公寓）
☐ SEPARATE（独栋）

面积：82.3 ㎡　　户型：2LDK
建筑年限：41 年
人口：5　　　　坐标：东京

打造令人
如同身处自然之中的家，
让孩子们自由茁壮地成长。

个人档案

Y 先生运营着一间空间制作公司，和妻子、长子（六岁）、长女（三岁）、次子（九个月）住在一起。妻子喜欢做手工，拍摄时长女穿的连衣裙和次子的围嘴等都是她做的。

植物

Y 先生从独居的学生时代起，家里就缺不了植物。就算花费了心思去养，植物也有可能突然枯萎。Y 先生在百元店买的黑法师[1]养了七八年，长得相当茂盛。

"民具木平"的饭桌

"民具木平"是 2001 年创立的现代民用家具品牌。这张饭桌是向艺术家野本哲平先生定制的，Y 先生觉得他做东西非常认真，值得尊敬。

Theo Gosselin 的摄影作品

Theo Gosselin 是 1990 年出生的法国摄影家。照片中的绿色很漂亮，能让整个房间都沾染到作品的穿透感。

汉斯·瓦格纳"GE236"沙发

Y 先生两年前第一次买古董家具，简洁的造型充满美感，浅绿色的沙发表面也很漂亮，经历了近四十年的木材质感也非常好。

Lee Perry

Lee Perry 生于 1936 年，是牙买加的雷格乐[2]音乐家。不论冬夏，不论自己的心情如何，Y 先生最爱听的就是这张专辑。

①黑法师，最天科莲花掌属的栽培品种，自然界不存在分布。紫黑色的叶片呈莲座状层叠排列，给人以庄重神秘之感，观赏价值高。

②20 世纪 70 年代流行于世界的牙买加流行音乐，其节奏特征是强声部位于偶数拍。

1. 27 ㎡的 LDK 中，朝向阳台的方位摆着瓦格纳的沙发。

2. 卧室的角落里放着音响组合，扬声器上面装饰着喜欢的唱片。装裱的照片是 Theo Gosselin 的作品。

3. 书架由三轮信吉先生制作，也作为太太的缝纫台使用。

儿童房

1. 儿童房的窗边整齐摆放着冲浪板、滑雪板、自行车、登山用品、足球等户外运动品。

3. 这个角落用胶带贴着孩子们的画。

2. 把植物集中起来，成为感受自然的装饰。旁边还摆着用从附近的河川收集来的黏土制作而成的陶器和孩子们的作品。

厨房

1. 厨房、饭厅区入口的拉门用透明的亚克力板制作，呈现出开放感，也不用担心会碎。门框上的横木涂成主题色——绿色。右边的拉门后是厕所、洗面室和浴室。

2. 在轻井泽的中古商店买的马克杯，Y先生用来泡咖啡。

3. 厨房使用天然材料做台面，柜体是不锈钢的。

4. 因为考虑到空间限制，厨房依墙而建。从"民具木平"定制的饭桌边上，是自己制作的工作台。吊灯是用从川崎的"SOLSO FARM"买的花器，用绳子串起来做成的灯罩，里面装上LED灯。

5. 瓷砖以"山"为意象，镶嵌着三角形的橡木材料，铁横架上挂着户外用杯子和连盆的蝙蝠兰。

洗面室

1. 洗面盆的边上摆着军用的黑色塑料杯,从群马县的溪流中捡到的木头如今被用作牙刷架。

2. 水槽、木制台面和收纳架组成了简洁又紧凑的洗面室,为了让毛巾能随手拿到,置物架做成了开放式。

卧室

3. 饭厅的旁边是 11 ㎡ 的卧室。把地板抬高了 40cm,地板下面全部做成收纳空间。里面的衣柜拉门用的是与地板一样的自然色调的木材,营造出明亮的氛围。屏风感的拉门与日本纸制作的灯展现出和式风情。

玄关

4. 玄关门也涂成主题色——绿色,改建的土间涂上灰浆。走廊放着枯叶风格的毯子。画着插画的黄色看板,是 Y 先生在某次企划户外电影节的工作中使用的。

1. 54 ㎡的阳台上，摆着从川崎的 "SOLSO FARM" 和东京练马区的 "OZAKI FLOWER PARK" 买的原产自南半球的花卉，还有橄榄、蓝莓、银杏、多肉植物等等。
2. 孩子对植物的成长充满兴趣。
3. 用花盆养出来的漂亮柠檬。
4. 从五棵橄榄树上收获的果实，用油浸着保存。

在广阔的阳台和开放的空间中感受自然

　　Y 先生从小就熟悉山野，大学时代去新西兰骑自行车旅行，结婚后也喜欢去露营和登山，他和妻子还曾经带孩子们去美国的约塞米蒂[①]旅行，一家人都相当喜欢户外运动。

　　有一天，Y 先生看到了邮箱里的不动产宣传手册，里面介绍了一家建筑年限四十年、位于八层的公寓，亮点是与室内面积同样大的阳台。

　　"第一眼看阳台的时候，就爱上了。"虽然没有急着要买房子的计划，Y 先生还是马上就决定要住到这里。

　　看着这个一次都没有改装过的陈旧室内，Y 先生好奇如果把天花板和墙壁都拆掉变成毛坯房，会有多大的改变呢？在构思好全面改建的大致方向后，Y 先生把房子买了下来。

　　关于房子的户型和设计，从事设计相关工作的 Y 先生提出自己的想法，把具体实施拜托给工作伙伴 "KAKITATE" 一级建筑师事务所，同时与太太、朋友和协助公司反复交换意见，将装修的工作一步步推进。

①约塞米蒂，美国加利福尼亚州内华达山脉中的国家公园。公园以被冰河侵蚀的溪谷为中心，雄壮的瀑布和奇岩别具特色。

考虑到孩子都还小，与其做成一个个的小房间，不如把空间做得宽敞些，让他们能高兴地跑来跑去。

开始改建的 2014 年，长女刚刚诞生。从饭厅到卧室、儿童房、起居室，通透的户型可以让孩子来回跑、到处玩。改建的目标是打造能感受到自然和开放感的家。

为了确保空间，卧室的地板抬高了 40cm，地板看上去像一张大床，又像是起居室的延续，下面全部是收纳空间。厨房依墙而建，尽量保持空间的宽敞。

因为醉心自然，Y 先生拜托立体艺术家三轮信吉先生，以"山"为意象制作书柜；饭桌则向从前就有交情的木工作家——设计师野本哲平先生定制，同样要求体现出"山"的感觉；厨房也以"山"为意象，在白色的瓷砖中嵌入三角形的橡木。对 Y 先生而言，贴近自然的状态很重要，家应该是和自然一同呼吸的地方。

建筑用具也好，家具也好，尽量选用色彩明亮的木材，配上绿色主题色的物件十分和谐，家中各处养着的植物也很有意趣。

"最初养植物，是从第一次独居的学生时代开始的。植物啊，就算倾注了感情去养育，也有可能突然枯死。不过我想，正因为会枯萎，所以才必须珍惜。可能正因为有了植物，我们才会在生活中注重细节的变化。"Y

先生这样诉说自己对植物的喜爱。

在宽阔的阳台上不仅有花盆，还用容器种了叶类蔬菜、香草和水果。浇水、照看、收获，一家人都乐在其中。

家就是能够获得自由的场所。只要自己觉得好，就是最好的。在阳台浇水的时候，或者坐在沙发上一边听着音乐一边远远看着孩子们玩耍的时候，都是 Y 先生的幸福时刻。

实际上，在采访后半年，Y 先生一家就搬到离工作地点步行三分钟的租赁公寓了。他们说："现在孩子还小，与住在中意的好房子里相比，还是家人在一起的时间更重要，哪怕多一分一秒。现在的房子虽然阳台小了很多，植物却依然有在好好养。"

Y 先生在新家里，依然与家人一起感受每一天不能重来的时光。

自己用毛线织成的挂毯——命名为"移动
躲闪"，作为点缀也织入了皮革，增加点
米泽女士自己的风格。配上形式特别的干
花和漂流木是米泽女士自己手工制作的架
子，上面摆着最近喜欢的书，是米泽家文
艺气息浓郁的一角。

米泽家
家人的喜好
混合成理想的家

☐ APARTMENT（公寓）
☐ SEPARATE（独栋）

面积: 78.0 ㎡　　户型: 1LDK
建筑年限: 35 年
人口: 2　　　　　坐标: 神奈川

**艺术、植物、手工艺品，
夫妇把各自中意的东西
装饰在家中目之所及之处。**

个人档案

米泽麻美女士与做木匠的丈夫有很多共同爱好: 植物栽培、DIY、逛室内装饰店等等。她记录植物和室内装饰日常的 Instagram 很有人气。（@aanimarro）

我喜欢……

家中万物皆有情，家人对生活的兴趣拼出最喜欢的"家"。

花与植物

米泽女士特别喜欢原种的兰花，丈夫则偏爱根块植物，两人常常去栽培农园直接购买。为了能一直感受到四季变化，米泽家从来不缺花朵和枝叶。

The Tastemakers & Co.

咖啡豆的库存变少就会不安，米泽女士是彻头彻尾的咖啡党。她着迷于咖啡相关器物的收集，其中最中意的是这件"The Tastemakers & Co."的黄铜制咖啡架。

民艺品

痴迷于手工艺品中独有的人的温度，以及能感受到手工痕迹的质感。人偶、织物等民艺品，不管素材、风格和国度，只要发现喜欢的，米泽女士就一个个收集起来。

Tse & Tse associees
四月的花器

这是由二十一根试管连接而成的花器，是"Tse & Tse associees"的代表作。只要插上花，就能成为一幅画。能随意改变形状的花器，开家庭派对的时候把它放在桌子中央，非常华美。

VOTIVO 红醋栗棒状香氛

"VOTIVO"是源于美国西雅图的香氛品牌。摆在玄关，打开门飘来香味，就到家了。

起居室、饭厅和厨房

"东西摆在看得见的地方用起来才方便"——在这样的生活理念下，米泽家把厨房做成开放式，上面简洁地涂以灰浆。植物架（中央和左边的）都是米泽女士设计、丈夫制作的。

厨房

1. "Listen to Nature"的干花工艺品从天花板上垂下。木制画框是用多余的地板材料 DIY 的。
2. 小炉子边的墙上，叠涂有磁石涂料和黑板涂料，装饰着黑白照片的拼贴展示。
3. "The Tastemakers & Co."的咖啡架，简洁的道具之美很令人着迷。

起居室

1. 国内外的乡土玩具和植物栽培容器等，装点出米泽家两个人的"季节感"。

2. 自己粉刷的起居室一角。在"IDE"找到的鼓经改装后成为边柜，上面摆着墨西哥和南美洲的人偶。

3. 使用"P.F.S."的铁腿和旧材料，夫妇一起 DIY 了一张小桌子。

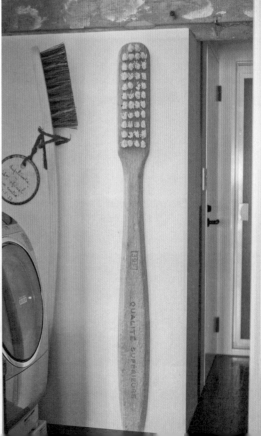

1. 玄关很宽敞，充分利用了土间的空间。用点缀的壁纸伪装成门框，阳光从窗外洒进来，植物生机勃勃。
2. 玄关边上装点着六十四张 *LIFE* 杂志的封面，都是世界名人的写真。
3. 洗手间里粗糙的混凝土墙上，船舶灯投下富有韵味的影子，墙上平衡搭配着一些小型艺术品。
4. 面盆边贴着牙刷图案的壁纸，是从"WARUPA"选的，给空间增添了些许幽默感。

在寻找中意之物的路上，如若可能，自给自足

　　一进玄关，跳入视线的是一整面墙的世界明星写真——玛丽莲·梦露、埃尔维斯·普雷斯利等等都在其中。灵活利用了天花板和混凝土墙壁的室内，有许多手工制作的挂毯、超酷的印刷艺术品、干花、漂流木、旧材料，还有南美洲的民艺人偶等等。给屋里增添了新鲜水灵气息的，是各种立体装饰的植物。

　　米泽女士说："我一直憧憬设计师熊谷隆志先生的家，混杂了不同国籍和风格的物品。与其说我喜欢装饰，不如说我喜欢让中意的物品和必要的东西全部都摆在目之所及的地方。比起东西很少的简洁的家，我还是想被喜欢的东西包围着生活。我喜爱室内装饰品，丈夫特别喜欢植物，室内装饰品和植物——两人各自喜欢的东西混合在一起，就组成现在的家。"

　　这间建筑年限超过三十年的公寓的改建由"RIBOBERU"公司完成。设计的时候，米泽夫妇希望做成没有阻碍、能够自由来回的格局。当时偏好的内装风格是以混凝土墙壁和灰浆天花板为特色，看起来有些粗糙却很简洁的工业风格。

有趣的是，米泽女士对施工公司说"不必做到100％完工的状态"，因为夫妇两人想一边住一边按照自己的喜好创作室内空间。他们积极地挑战有视觉冲击力的壁纸，也试着自己粉刷墙壁。起居室里让人印象深刻的旧瓷砖铺成的墙，也是住进来之后两人合力动手的"力作"。

另外，在杂志、社交网络上看到中意的物件的话，自己马上出发去找。夫妻二人室内装饰的触角一直很活跃，两个人灵光一闪的时候，就给家再添一笔。这种好奇心积累的结果，体现在米泽女士风格独特的家中，是无法通过模仿来达到的。边住边改动的家，越来越灵动。

"我绝不会不经思考就买东西。挑选时仔细、深刻地思索，一直不懈地寻找，直到遇上自己中意的；要是一直都找不到的话，自己做就是了。这么想着，不知不觉自己动手做了不少室内装饰。"起居室里的植物架、书柜、电视板、咖啡桌等等，都是米泽女士和丈夫DIY的。

丈夫是木匠，常给家里做小件的家具和墙上装饰的画框等装饰品。米泽家"自己动手"的家装模式是米泽女士出设计，丈夫出劳力。

混合夫妇二人的个性和喜好，诞生了这个色彩丰富的空间。不拘泥于"某某风格"的原创性是米泽家内装的精髓。

没有以制定目标的方式装修，而是重视当下的直觉和灵光一现。会有买了东西再想怎么装饰的时刻，也根据季节和气氛的变化做调整，这样的家装模式让人乐在其中。

不久之前还喜欢偏冷感、工业风格的东西，最近米泽女士却在家里增加了手工编织物等能感受到温度的东西和能体现岁月风韵的物品。夫妇取向的这种变化一点点混合，创造出了"当下最喜欢的家"。

"虽说整个家都喜欢，但最喜欢的还是厨房。天气好的日子，一边听着音乐一边喝咖啡，觉得自己家真是明亮又完美。接下来，考虑把隔开起居室和卧室的蓝色屏风改涂成时髦的颜色，也想试着做个壁炉台。"这是米泽女士的下一步家装规划。

米泽女士家的装修，一直处于进行时。收集眼下喜欢的东西，永不停顿，朝着两人喜欢的方向，一直在室内装修的路上快乐前行。

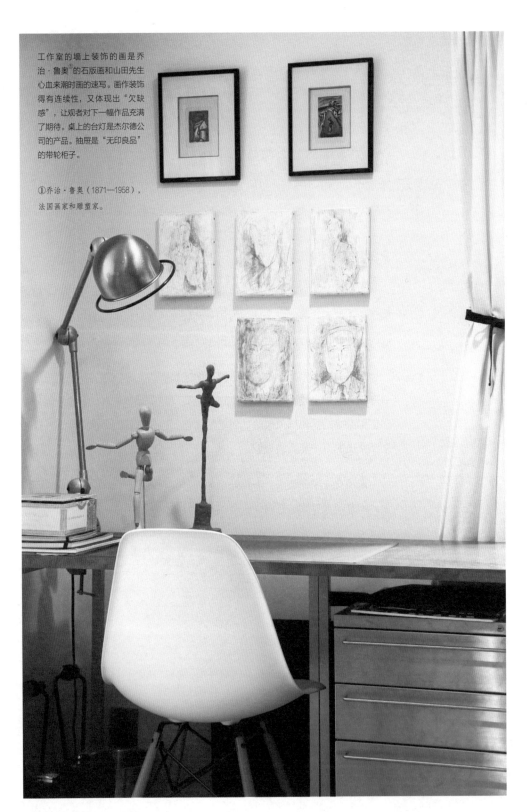

工作室的墙上装饰的画是乔治·鲁奥①的石版画和山田先生心血来潮时画的速写。画作装饰得有连续性，又体现出"欠缺感"，让观者对下一幅作品充满了期待。桌上的台灯是杰尔德公司的产品。抽屉是"无印良品"的带轮柜子。

①乔治·鲁奥（1871—1958），法国画家和雕塑家。

14

山田家
混搭风之味

☐ APARTMENT（公寓）
☐ SEPARATE（独栋）

面积: 110.0 ㎡　户型: 2LDK
建筑年限: 19 年
人口: 2　　　　坐标: 福冈

**以巴黎的时尚生活为底色，
用长年搜集来的家具和艺术品
在白色空间里排列组合。**

个人档案

山田容弘先生与山田夏子女士是时尚设计师。
从东京搬到福冈，买下了正对大濠公园的公
寓。拜托了家装公司"renovation kasa"改建成
2LDK 格局后入住。

我喜欢……

在世界各地邂逅不同时代、不同风格
的物品。

欧内斯特·雷斯

羚羊椅子

家具设计师欧内斯特·雷斯 1951 年为英国的
博览会设计的"羚羊"椅子，构造精巧，富
有变化，线条之美独具一格。

20 世纪初法国住宅使用过的木制圆柱

在喜欢的外文书《国际 LOFTS 公寓之书》
里得到启发，觉得家庭装修还是少不了柱子。

中古的穆拉诺[①]枝形吊灯

穆拉诺玻璃的中古枝形吊灯，山田先生在米
兰的蒙特拿破仑大街[②]上的一家威尼斯玻璃商
店里对它一见钟情，吸引他的是吊灯上那种
现代物品鲜少运用的深红色。

"弗赫尔·特拉维"的定制桌子

世田谷的"弗赫尔·特拉维"的桌子。20 世
纪 30 年代的缝纫机腿作为桌腿，在小学走廊
发现的旧木板作为桌板，工业感铁艺和木质
材料的融合实在绝妙。

杰尔德公司的台灯

这种台灯从 20 世纪 50 年代起就是畅销品，
是杰尔德公司的经典款。山田先生喜欢它那
像头巾一般的圆圆灯罩，大、中、小型号的
台灯，山田家一共有七个。

①穆拉诺岛是威尼斯市北部的岛屿，曾为玻璃器皿制造中心。

②米兰最优雅、最昂贵的一条购物街，以时装和珠宝商店而闻名。

饭厅 & 厨房

"弗赫尔·特拉维"的桌子、欧内斯特·雷斯的"羚羊"
椅子、伊姆斯的"贝壳椅",这些家具确定了饭厅的风格。
灯来自"THE CONRAN SHOP"。用作间隔的装饰柜是
20 世纪 30 年代的大型游艇上使用过的中古品。以不锈钢
为基调的厨房来自"TOYO KITCHEN"的"I-LAND"。

饭厅

1. 来自"LLOYD'S ANTIQUE"的圆柱增加了空间的韵味。因为喜欢复古的气质，山田家的柱子没有去掉原来的颜色，而是直接进行了做旧处理。

2. 山田夫妇很喜欢这张"弗赫尔·特拉维"的定制桌子，特别是它那无涂装的桌腿和做旧的桌板的质感。

3. 柜子里摆着水晶玻璃器皿和银器。

玄关

一进玄关，迎面看到的就是折叠式自行车"凯斯特里尔"、穆拉诺玻璃的中古吊灯和一个"Bearbrick"的积木熊。窗外宽敞的庭院风景也是室内的一部分。山田太太坐在窗边的羚羊椅上，眺望庭院小憩片刻。

起居室

山本先生认为这个空间很适合灰色，所以勒·柯布西耶设计的"LC2"沙发和躺椅都是从家具店定制了灰色。使用白色颜料做旧的地板，是参考了外文书《简洁的斯堪的纳维亚》（*SIMPIY SCANDINAVIAN*），加入了斯堪的纳维亚风格的成品。

1. 工作室的一角，摆着一直爱用的"Zero Halliburton"的旅行箱和地球仪工艺品，体现出旅行的装饰主题。
2. 起居室的角落以女性的脸为主题，装饰着马蒂斯的平版画和山田先生自己做的雕像。决定了中心思想和主题后再做装饰，房间的角落也因此充满了故事性。
3. 装修时参考的外文书《我们居住的方式》（*THE WAY WE LIVE*）。

以自己的感性为轴心，享受混搭风格的乐趣

身为时尚设计师的山田夫妇居住在简洁的白色空间里，古旧的物品和摩登的设计交相辉映。结束了在巴黎和东京的生活，2009 年两人搬到福冈，把从亲戚那里继承来的二手公寓重新装修后住了进来。

"重新装修的时候，想把房子做成简洁的空间。中世纪风、斯堪的纳维亚风、工业风……喜欢的风格时不时会变，但我们觉得能将其融合在一起，形成自己家独特的空间就好了。"山田夫妇内装的基调是这样确定的。

墙壁和地板都尽量做得简洁，因为不想要过分强烈的风格，装修以打造出能包容各种装饰风格的空间为目标，同时讲究质感，以具有存在感的家具和艺术品为背景来装饰。

墙壁和天花板用灰泥一样的白色涂料来粉刷。中古的圆柱增添了韵味，营造出巴黎美术馆般的氛围。地板去除了原先的聚氨酯涂装，用白色的涂料涂上后又剥下来，这样反复几遍做旧处理，达到"画了草稿的油画画布"的效果。

山田先生 1979 年荣获时尚杂志 *HIGH FASHION* 的设计比赛大奖，获得了在巴黎的皮尔·卡丹总部工作的机会，夫人夏子也一起去法国生活了三年。

在巴黎能接触到顶尖的时尚，是山田先生职业生涯中宝贵的经验，当时的生活对他的装修观念也产生了很大的影响。"巴黎的街道中充满了古旧而美丽的东西，我也知道了如何看出旧物的价值。常常受朋友和前辈们的邀请去家里玩，看到他们各按所好地装饰着喜欢的东西，逐渐形成了自己的风格。我也学到了要忠实于自己的感性，混合多种多样的风格来打造魅力之家的乐趣。"山田先生说。

后来，因为工作的关系，两人走遍了欧洲各地，接触到一流的时尚设计、真正的艺术和古董，这段经历成了他们宝贵的财富。

"家，就是身体被喜欢的东西包围，而心能够深呼吸的地方，也是让我们确认自己的身份和定位的场所。"容弘先生深深感慨。

从巴黎生活时积累的经验出发，房间里聚集着两人喜爱的物品，穆拉诺玻璃的中古吊灯、现代设计的躺椅、欧内斯特·雷斯的纤细的长椅等等，各种风格的家具协调统一地生活在一起。

这样的山田夫妇，最近在关注厨房家电的新浪潮。"巴米库拉"的电饭煲、"巴鲁米达"的微波炉等等，这些机能优异、设计美观的东西一生产出来，山田家就赶紧买来使用了。厨房以统一的不锈钢风格为基调，但山田夫妇一直没有遇到喜欢的家电，于是一直妥协继续用旧的家电，这下终于能接近理想的状态了。

山田夫妇最喜欢的时节是暮春五月。朝南的落地窗连接着六十㎡左右的庭院，院子被德尔巴尔玫瑰、英格兰玫瑰等藤蔓玫瑰覆盖。每到这个时节，他们喜欢把起居室的窗户打开，躺在躺椅上，感受五月的风带着玫瑰的香味吹进屋内，真是偷得浮生半日闲的最棒时间。

如同在白色的画布上作画，收集自己喜欢的东西来装饰房间的这项乐趣，山田夫妇打算持续终生。

工作间、起居室和饭厅区域的墙上贴着古典的壁纸"桑德森",令人印象深刻。为了不显得孩子气,小堀女士选了不过分明亮、沉稳的颜色。手工制作的架子上摆着西洋食器,还有"卡因·包因森"的猴子工艺品。

184

小堀家
用色彩和立体感
为家添彩

□ APARTMENT（公寓）
□ SEPARATE（独栋）

面积：131.9 ㎡　户型：3LDK
建筑年限：38 年
人口：2　　　坐标：东京

室内装饰的基础，
是旅行途中的偶遇和多年
积累的经验碰撞出的灵感。

个人档案

小堀纪代美女士经营着咖啡＆轻食店"LIKE
LIKE KITCHEN"，也是同名的料理教室的主
理人。与丈夫和爱犬住在外国风格的公寓里。
著有《用勺子制作的点心》等书。

我喜欢……

居住和工作一体的空间，
有柴米油盐跃动的舞步，
也有用颜色表达的心情。

复古食器

开店之前，小堀女士在巴黎的跳蚤市场买的
小花纹的陶制盘子和旧食具。把在旅行地的
回忆一起带回来，这种"一期一会"的物品
让人感念过往的珍贵。

柏林

柏林是文艺和肃穆搭配得刚好的城市。咖啡
馆基本都是个人经营的，小堀女士从那些独
创的室内装饰中获得了灵感，她最喜欢的咖
啡店是"KATIES BLUE CAT"。

HAY hutte shoto 料理书书架

小堀女士很喜欢把书作为室内装饰的一部分，
比起以前使用的"USM HARA"书架，她
更希望书架的人情味儿浓一点，就在"HAY
hutte shoto"上定制了一个新的开放式书架，
放满了料理书。

伊姆斯 LCW 椅子

这把椅子只是放在角落也有很强的存在感，
小崛女士非常喜欢它茶色的木头和牛皮的搭
配。无论搬到哪里，家依然是自己过日子的
地方，有鲜明风格的椅子是不可或缺的。

艺术品

艺术品能给室内以个性和变化，有画陪伴的
时光让人生更加美好。把画换一换，心情和
房间都会变得新鲜。饭厅里装饰的大幅画作
是儿玉靖枝的作品。

厨房

复古风格的厨房没有翻新，而是直接在原有格局
上使用。固定的吊柜里收纳着做饭的道具、平时
使用的器皿、调味料，常常使用的东西挂在炉灶
前的墙壁上。蓝色、黄色和红色是空间里点亮视
野的色彩。

颜色抢眼的东西不放太多在外面，打造出成熟稳重的气氛。墙上的货架购自宜家，挂着玻璃酒杯的"黄铜风"架子是从网上买的，小堀女士对价廉物美的东西运用起来也很得心应手。

工作台是 20 世纪 70 年代包豪斯的中古素描桌。下面放着装画材的抽屉，收纳着料理教室中常用的食器和工具。

料理工作室

1. 带拉门的柜子是汉斯·瓦格纳设计的。按照形状尺寸的不同，把西洋食器整齐漂亮地收纳起来。

2. 柜子下面摆了一排红酒箱，里面放着食器和道具之类的东西，把形状不规整的东西、尺寸过大的东西放进去刚刚好，很方便。

3. 为了在料理教室里使用方便，用带轮子的小柜子把调味料和工具收纳起来。橄榄木的研钵是在柏林的"无印良品"买的。

起居室 & 饭厅

饭厅以书架为背景，"THE CONRAN SHOP"的
桌子边摆着汉斯·瓦格纳、阿尔瓦·阿尔托等人的名
作椅子。墙上的大幅画作是"深绿×黑"的配色，
和绿色墙体、黑色书架营造出统一感。

1. 北欧风格的椅子，来自中目黑的"HIKE"。灯是大约 20 年前在"YAMAGIWA"买的。柜子上的空间设定为"黄色的角落"，摆上了黄色的书和杂货，与以动物为意象的物品等形成和谐统一的氛围。
2. 乔治·中岛的沙发和乔治·尼尔森的时钟等设计名家的作品，给空间增添了色彩。窗帘来自东京·二子玉川的"亚麻鸟"。

CASE 15   小堀家

舒适的室内装饰 充满"色彩"和"立体感"

"大概是因为自己从小是在装饰朴素的家里长大，我一直有强烈的愿望想'住进漂亮的家里'。在读了许多室内装饰相关的书籍、海外旅行的时候欣赏了很多酒店和美术馆的内部装饰后，我不能自拔地喜欢上了室内设计。"这些积累，成为小堀女士做室内装饰的基础。

自十八岁来东京，小堀女士搬过十四次家，现在居住的是曾经租给外国人的充满古典情趣魅力的公寓。在寻找料理教室的工作室时，正好同一栋公寓边上的宽敞房间空着，就搬进来住了。复古风格的厨房和拉门依然留着，但地板和墙纸等内装都是自己来设计，然后请工务店来施工翻新。

这间公寓之前是针对来日本居住的外国女孩，所以装修得充满少女心。在小堀女士的家装设定里，这个女孩子长大了，所以要更有成熟女性的气质。虽然有印花的墙纸等可爱的元素，但使用黑色作为要点，营造出沉稳的氛围。因为是 20 世纪 70 年代的建筑，也有意识地使用了过去的旧素描桌等符合时代气息的装饰。

像这样，以建筑的年代和内装为蓝本来装饰整个家，一边添置家具，一边享受装修房间的乐趣,但属于这个空间本质的东西却基本上没有改变。

小堀女士说:"我一直喜欢在室内装饰中使用'颜色'。开店的时候主色是水蓝色,之前住的地方是红色,这次的家是灰色、黄色和绿色——主题色一直在改变。如果全部是白色的房间,总觉得无法静下心来,要是墙壁的颜色无法改变,就用艺术品和织物等增加色彩。"

如果仔细观察房间的细节,就会发现主人对色彩的讲究遍布空间。在新定制的书架上摆着的外文书、在架子和椅子上搁着的食器和小物件,都使用了主题色彼此呼应。

外文书是按照书脊的颜色,按渐变顺序来摆放,看上去就很悦目。小堀女士的经验是控制书架上使用的颜色,以及食器柜等开放空间中的色彩数量,小物件之类按色彩摆在各个规定了主题色的角落,时时留意不要让整体流于散漫。

与颜色同样重要的是内室装饰的"立体感"。

"我不怎么喜欢扁平、过于整齐的房间。"所见之处的收纳错落有致,比如故意把墙架子错开一点,远远望去交错着,小堀女士很喜欢这种感觉。

这样的审美意识,可以从房间中各处杂货和工艺品的摆放中看出来。

架子上面要体现出展示的感觉,一边注意"留白",一边调整出舒服的配置。工作室是小堀女士的表现场所，所以虽然要打造住得舒服的房间，也要表现出自己的风格，喜欢的东西能与客人共同分享，是最愉快的。

小堀家的家具除了新制的饭厅书架以外，基本上都是长期爱用的东西。屋里虽然摆着北欧、中世纪的名作家具，但小堀女士对品牌和设计师没有特别的执着。

小堀女士选东西的时候总是凭感觉，只是单纯地把觉得"不错"的东西放到"舒服"的地方。被喜欢的东西包围，生活才能变得平稳祥和。

木村家房子的一部分形成了二楼空间，但
房子主体是座木制平房住宅。原本墙上铺
了松木板，木村先生把贴木板的外观翻新
了。冈山的木工业很繁盛，有很多用当地
的杉树建造的房子，但木村家用的是松树。
宽敞的连廊既是孩子们的游乐场，又是木
村先生 DIY 的工作空间。

木村家

破除隔断，
打造开放的美式空间

家中角落也可以复刻电影场景，
灵感触发令人仿佛置身于故事中。

□ APARTMENT（公寓）
□ SEPARATE（独栋）

面积：121.4 ㎡　户型：3LDK

建筑年限：31 年

人口：4　　　坐标：冈山

仿照憧憬已久、
富有开放感的美式空间，
打造让家人开心居住的
无隔断式平房住宅。

个人档案

木村圭佑先生是家居商店＆设计事务所"Yield
Interior Products"的家具工厂厂长。2015 年将
家翻新，与太太好江女士、儿子太一（八岁）、
女儿朱里（四岁）生活在一起。
www.yield.jp

西洋电影

木村先生从小就很喜欢电影，觉得电影中
的生活很酷，他从电影里找到了很多自己
喜欢的东西。

美国

因为喜欢美国电影，木村先生在旅行和出
差时会去看看那里的住宅街景和建筑的内
部构造。目之所及，总能收获惊喜。

让·普鲁维的家具

设计师让·普鲁维可以说影响了木村先生
制作家具的风格。木村先生尤其喜欢让·普
鲁维设计中纤细的构架。

史蒂芬·肖尔的写真集

木村先生很喜欢自然地展示出美国日常生
活的写真集。史蒂芬·肖尔的写真能带人
回到过去，画面中干燥的空气和色彩无数
次激发了木村先生制作家具的灵感。

Yield Interior Products 私人椅

木村先生梦想着做一把使用方便、不会令
人厌烦的椅子，木村先生经历了一步步将
设计落实的过程，创造出这把既简洁又充
满存在感，坐起来很舒服的原创椅子。

起居室

拆除了三个房间的墙壁，做成了这个 66 ㎡
的 LDK。沙发、两把扶手椅和中间的桌子都
来自 "Yield Interior Products"。灯是从冈
山的古董店 "STAGE" 买的二手灯。

1. 把光照良好的角落安排成植物角。松萝凤梨[①]、多肉植物等挂在天花板上。

2. 中意的扶手椅上套着红色的布套，灵感来自电影《火柴人》。

3. 起居室的窗边是贴了瓷砖的土间。柴火炉是丹麦的"默尔森"出品。柜子是"Yield Interior Products"的原创系列，工艺品是在古董店和跳蚤市场买的。

①凤梨科铁兰属植物，多年生气生或附生草本植物，可生长于户外，亦可以悬挂于办公室等室内环境内作为垂直绿化。

隔开玄关和起居室之间的墙壁涂上了黑板涂料。
"可能是遗传吧，孩子们都喜欢画画，做成黑板
真是太好了。"木村太太说。边柜是美国的中古品，
购自冈山的"Axis Nafu"。

"Yield Interior Products"的家具中，这把"私人椅"是木村先生特别钟爱的作品。摆着电影《末路狂花》剧照写真的这个角落总让人觉得仿佛置身美国西海岸。

起居室墙上的瓷砖与厨房的不同。因为喜欢丸之内 KITTE 大楼外墙的瓷砖，在寻找时碰到了一个批发商，从那里分得了同一家制造商的剩余材料。

饭厅

哥特风格的桌子，与用弯曲的木头做的舒适椅子，都是"Yield Interior Products"的原创产品。室内窗户的另一边是食品室和洗面室。

饭厅 & 厨房

1. 厨房储物柜的边框特意做成了美式风格。

2. 墙上贴着地铁站用的瓷砖。

3. 饭厅和厨房让人联想起 20 世纪 70 年代的美国家庭，木村先生在这个空间设计了很多用起来方便的收纳抽屉。

1、2. 厨房的隔壁是洗面室。之所以用玻璃隔开，是因为每天太太在做早饭的时候，孩子们在刷牙，木村先生脑海中浮现出两边互相对话的场景，于是采用了这样的设计。
3、4. 为了给玄关的土间增添风韵，暂时铺了些石砖。要是家人更喜欢就继续向房内延伸铺一些。

室内装饰既是工作，又是我最大的爱好

不知为什么，比起公寓楼，木村先生长久以来总觉得平房更好。一直盼望住在一个充满开放感、阳光和风能舒服地穿透进来、到处洋溢着美国西海岸风情的家里。

有着如此理想的木村先生，是冈山的家居品商店"Yield Interior Products"的原创家具职人。2015 年，他将这栋建筑年限三十年的木制住宅翻新的时候，装修的主题定为"让家人能自由快乐地生活"。

木村先生最初也考虑过选全新的建筑，但附近有一栋在售的二手房，只有一部分有二层空间，基本上算是一座平房。因为喜欢那个房子的氛围，加上比起从零开始建造，在已有的基础结构上改造成自己的家更有趣，木村先生最终还是买下二手房自己翻新。

去除天花板和把空间分隔成小房间的墙壁，原本 6LDK 成了 3LDK 的户型，改造出了一个 66 ㎡的宽敞 LDK。

"先有了大致的构想和粗略的方案，然后再切身感受空间的氛围和规模，慢慢规划。"这是木村先生的装修经验。

木村家的空间设计一眼看去很随意，实际上，混凝土砖的接缝十分紧凑，细节也做得更到位。起居室和厨房都选用白色瓷砖，却通过区分材料的质感来调节风格。细节的讲究，充分展示了主人对美观和舒适的追求。

木村先生高中时就对建筑和室内装饰很感兴趣，常常给自己的房间改换模样："当时的房间不到 8 ㎡，除了床、桌子和一排组柜外，什么都放不下了。但我还是经常给它们改换模样，每当临近考试，我不知怎么地就想动手改一改房间的格局，疏忽了复习，所以成绩总是不理想。现在的家之所以做成没有隔断的空间，也是为了之后方便家具改换位置。"

另外，木村先生从孩提时代就很喜欢电影，电影中的室内装饰给了他很多灵感："我觉得尼古拉斯·凯奇主演的《火柴人》里出现的房子很酷，这也成了我给自己家装修的参考。厨房的储物柜、植物角的扶手椅等等，都是这些灵感触发的结果。"

"通过电影所看到的外国的生活方式、房子和室内装饰等等，让我有了对室内装修深入研究的兴趣，也看到眼前家具职人的路。"改建房子和室内装修对木村先生来说，既是重要的工作，也是一直以来的爱好。

对这样的木村先生来说，自己所制作的家具与房子是否相匹配，是装修的一大主题。从总体上考虑家具和地板的素材的协调性，配合着家具的尺寸来决定墙壁和通风口的位置。既讲究细节，又适当地放松，创造出舒适的居住空间。

　　木村家在这里已经居住了两年，而空间创造还在持续进行中。家具的配置自不必说，因为觉得有一点隔断可能会更放心，木村先生在土间和起居室之间砌了一座及腰的矮墙，还加了一架可以移动的屏风。为了增加玄关处混凝土地板的风韵，他开始一块一块铺石砖。

　　使用上等的木材、省去冗余的简洁家具摆放在屋子里，木村家轻松舒适的时光静静地流淌。

　　孩子们在宽敞的 LDK 跑来跑去，在黑板上涂鸦，自由茁壮地成长。

　　每天通过工作能看到各种各样的设计，自己的喜好可能随之渐渐改变，孩子们也在不断成长，从今往后木村先生也会一点点动手，把家变得更舒适放松。

丈夫送的生日礼物"禄来福来"相机是Miki家最珍贵的宝物,一直被放在起居室的柜子上显眼的地方。冲绳的朋友送的金城有美子制作的花瓶里,插着鲜花。后面的照片是旅途中的回忆,捕获了南西班牙海边的风景。

17

Miki 家

心爱之物是家中
最美的风景

□ APARTMENT（公寓）
□ SEPARATE（独栋）

面积：80.0 ㎡　户型：3LDK
建筑年限：32 年
人口：2　　　坐标：神奈川

连接两人缘分的照片、
漂洋过海的古旧家具……
家是装满"宝物"的温暖空间。

个人档案

Miki 女士是一名模特和摄影师。她的 Instagram 和网站"Rollei Life"上拍的旅行写真和回忆博客很有人气。与丈夫 Taka 先生一起生活。

①陶瓷的底子的表面上涂上的玻璃状的溶液。烧成后会变成薄薄一层，防止吸水，兼带有光泽的装饰。主要成分是硅酸化合物。通过金属含有物呈现各种颜色。

我喜欢……

积攒充满了珍贵的回忆、愿望和心情的宝物，是人生的幸运。

德国制双镜头反射式取景照相机

"禄来福来"

这个五十多年前的古董照相机是丈夫送的，它改变了 Miki 女士的人生。因为喜欢它复古的设计，Miki 女士踏入胶卷的方寸世界。

凯·克里斯欣森

墙面架

Miki 女士一直很想要这个铁和木头制作的架子，甚至买房子的决定因素也定为"墙壁的尺寸与这个架子合适"。每个季节她都在架子上摆上相应的器具，每天从中选取使用，充满了幸福感。

chikuni

"book on the wall"装饰架

Miki 女士很喜欢"paper in the air"、"Alumini clock"等使用漂流木制作的装饰品。因为喜欢作品表现的世界观，起居室的墙上都是 chikuni 的作品。木头的温暖触感与古董家具相融合，营造出令人放松的氛围。

伊藤环先生的器皿

伊藤先生制作的器皿，碟子、果盘等 Miki 家一共收集了十五个。使用的过程中能感到釉药①的韵味，让人喜爱不已。与 Miki 女士丈夫烤的面包很相配，与别的器皿摆在一起也很协调。

Taka 先生烤的面包

周末的早晨，坐在摆着心爱之物的起居室里，看着丈夫烘烤面包的身影，是幸福。对 Miki 女士来说，这是世界上最美味的面包。

1. 两个人拍的照片装饰在起居室的墙上。这面墙上都是Miki女士旅途中珍爱的风景。
2. 夏威夷的果汁瓶、在冲绳捡的贝壳等等，飘窗上装饰着旅行的回忆。
3. 灯是法国的中古品，背景是Taka先生拍的巴黎风光。

饭厅

用旧材料做的桌子来自"BRUNCH"，椅子是在"Lewis"买的丹麦制中古品。

厨房

夫妇俩很享受一起准备早饭的周末。Miki 女士很喜欢能让高个子的两人在一起做饭的宽敞厨房。

饭厅 & 厨房

Miki 女士为了与多年来喜欢的凯·克里斯欣森的中古墙面架相配，
选择了灰绿色的墙纸。墙面架下面摆着的"无印良品"开放式柜子
上，涂了蜡，显出原创的风格。

1.Miki女士从多年前就喜欢上了伊藤环先生做的器皿，一直在收集。这些器具越用越有风韵，深深吸引了Miki女士的心。

2. 泥釉陶器是前野直史先生的作品。

3. 与两人喜欢的器皿摆在一起的，是夏威夷的巧克力、意大利的橄榄油等，把在旅途中遇到的美妙食材仔细地装饰起来。

4. 每个季节换不同宝物来展示，是一种乐趣。限定灰色的咖啡研磨机"Miruko"是喜欢咖啡的Taka先生的爱用品。

5. "Arabia"的"Rusuka"等北欧中古茶杯、杯托，是Taka先生的收藏，购自东京绿之丘的古董店"KONTRAST"。

6. 湖蓝色的杯子是朋友送的礼物。

饭厅

1.Taka 先生手工制作的面包和 Miki 女士的蔬菜料理组成的周末早餐。选择用什么餐具也是 Miki 家周末生活的一项乐趣。木盘是从添野顺先生那里定制的。

2. 食品的包装装饰在食品库的墙上。

3. 休息日的早餐是两人最珍贵的时光。

1

2 3

The paper bag #1

This bag is made
from organic paper.
It is 100% natural.
180 g/m³ double-layer paper:
white kraft layered
with brown kraft.
Capacity: 33 litres.
100% Ecographik.™
Do not throw it away.
It is reusable.

PLAIN BAKERY

DEAN & DELU

在目黑的"Fusion Interiors"买
的北欧中古柜子上，摆着日本产
的旧镜子。

沙发上是 Miki 女士的旅途伙伴——玩偶
廷巴和伯格的固定位置。

起居室

起居室的墙上，装饰着 Miki 女士所喜爱的 chikuni 的作品。沙发和北欧的中古长桌，购自中目黑的"HIKE"。"弗里茨·汉森"的高背椅子是从"KONTRAST"买的，橡木材质的顺滑构造与宽敞的坐感是最棒的。

1. 玄关边挂着的"无印良品"的架子，上面挂着"Art & Science"的包和"BONBON STORE"的太阳伞等，Miki 女士的爱用品随时待命。
2. 阳台前有一棵巨大的樱花树。
3. 卧室控制了色彩感，营造出沉稳安静的氛围。亚麻的遮光罩是在东京野沢的"Sun Ugly"定制的。"chikuni"的"paper in the air"和中古的灯具给室内更添一份宁静。

陈列着宝物的墙面架 是这个家的主角

Miki 女士和 Taka 先生居住在横滨高地上视野良好、被称为"坂之上"的公寓，两人初次邂逅这个家是在四年半前。

多年来一直在寻找符合心意的家，两人终于遇到了这个公寓。丈夫中意阳台的视野，Miki 女士则是因为能够放下"那个东西"而最终决定买下这处房子。

Miki 女士所说的"那个东西"，指的是占满了厨房墙壁的墙面架。丹麦设计师凯·克里斯欣森的这件作品，是 Miki 女士一直梦寐以求"有一天安在自己的家里"的物品。

现在，架子上摆着 Miki 女士喜欢的泥釉陶器、伊藤环先生的器皿、朋友送的餐具、Taka 先生喜欢的北欧中古茶杯和杯托、咖啡研磨机等夫妇俩的珍宝。周末的早晨从这个架子上选择喜欢的餐具，摆上 Taka 先生烤的面包和 Miki 女士做的蔬菜料理，是夫妻俩延续至今的习惯。

从两个人一起做饭开始的周末早晨，是夫妻两人在家里度过的最棒的时光。Miki 女士坐在起居室的沙发上，边喝着丈夫泡的咖啡边看着他烤面包的身影，再看看这个摆满宝物的墙面架，浑身的幸福细胞都苏醒了。

特别喜欢旧物的 Miki 女士选择的沙发，是北欧的中古品。因为被奥雷·范沙的设计和纤细的构造所吸引，最终选定了它。沙发也好，桌子也好，起居室的家具全部都是北欧的中古品。

"旧家具们是跨过时代、渡过大海才来到这里的，想到这点自然觉得'感谢你们一路奔波到我家来'。所以，让家具看上去'在这个家里待得很舒服'，打造一个人与物品都生机勃勃的空间，是我装修的主题。"生活在这样的空间里，Miki 女士觉得十分舒适。

起居室的墙上，全是 Miki 女士喜欢的装饰作家 chikuni 的作品，这里是 Miki 女士引以为豪的空间。做成十字形的"book on the wall"上，装饰着喜欢的写真集和朋友送来的贺卡，其他地方还装点着时钟、花器和从工房得到的漂流木等物品。

站在厨房里可以随意欣赏到由心爱之物组成的起居室风景，对于 Miki 女士而言，这实在是一种"幸福的眺望"。柜子上摆着心爱的"禄来福来"照相机，是作为摄影师的 Miki 女士，在工作中的最佳拍档。两人最初相遇时，丈夫 Taka 先生送给 Miki 女士的生日礼物，就是这台充满纪念意义的复古相机。

虽然是五十多年前的东西，但商标、字形、镜头安装等细节都很讲究，如今放在屋子里也是个难以忽视的存在。

两人通过写真而相识，起居室的墙上装饰着两人的作品，是展览室一样的空间。Miki 女士所拍的旅途风景和结识的人物与 Taka 先生拍摄的街道、建筑的黑白照片，在彼此衬托中相映成趣。

虽然将来想去靠近漂亮水源的地方居住，还想开一家小小的咖啡馆，不过两人暂且还是想在这里舒适地过日子。

Miki 女士最近想着在房间装饰中加入丈夫喜欢的自行车，为了映衬山地赛车和装备，打算把墙涂成深灰色……

集合并反映了两人的兴趣和品位的"坂之上"，似乎越发成为两人不可替代的心爱之家了。

安恩·雅各布森的铁腿桌子"B TABLE"边上，并没有摆上同为雅各布森设计的"7号椅"，而是选择了汉斯·瓦格纳的简洁的舍克式木腿椅子"CH36"，稍微缓和了氛围。灯是瓦格纳设计的"THE PENDANT"，可以调节高低。

冲田家
中性容器般的简洁之家

☐ APARTMENT（公寓）
☑ SEPARATE（独栋）

面积：90.6 ㎡　　户型：2LDK
建筑年限：4 年
人口：3　　　　坐标：富山

考虑到长久居住，
打造出紧凑简洁的空间，
被喜爱的家具包围着安心生活。

个人档案

冲田桂先生在建筑设计公司"五割一分"工作。成长于富山的内陆地区，2013 年，在海边的街区建造了新居。附近的海边在夏天有烟花、啤酒，冬天银装素裹，四季里都乐趣无穷。冲田先生与太太、儿子（两岁）一起生活。

我喜欢⋯⋯

在工作中遇到很多出色的物品，从中精心挑选出自家的家具。

丹麦设计

冲田先生特别喜欢 20 世纪 20 年代到 60 年代活跃的雅各布森、瓦格纳、克耶霍尔姆、克林特等设计师。

Kvadrat 的纺织品

触摸到 Kvadrat 的毯子让冲田先生第一次感受到纺织品的魅力。Kvadrat 旗下的"KINNASAND"出品的地毯织工紧密均匀，冲田先生觉得踩在上面十分放松，不由自主就会开始哼歌。

舍克样式

"调和之中有大美""实用性中栖息着美"是舍克粉丝中广泛流传的话，也是冲田先生如今生活的一个指南。

中世纪巴黎的设计

让·普鲁维等人的作品，虽然是工业生产的，却令人从有机的形式中感受到一种人文色彩的哀愁，非常吸引人。

皮耶罗·利索尼

这位意大利的现代建筑家、产品设计师的作品线条凛冽，用极简主义展现出一丝丝高雅的魅力。

起居室 & 饭厅

起居室和饭厅空间的南侧安了一面"内敛"的窗户，参考的
是阿尔托的玛丽亚别墅，木制的百叶窗与蕾丝窗帘组合在一
起，给室内投下了柔和的暗影。射灯的数目控制在最少，让
较低的天花板看起来清爽些。

起居室

1. 墙上装饰着制作家富泽恭子女士的柿涩染纺织品。
2. 中古柜子上摆着"Nagel"的烛台和装裱着的望月通阳先生的纸型印染作品。

"比起明亮的家，拉下百叶窗后些微昏暗的房间似乎更令人安心。"冲田先生以此为优先，窗户并没有开得很大，而是有意识地让它们"关起来"。

电视柜做成挂墙式，看上去更轻便。旁边自然地装饰着画框等物品，减轻了电视的存在感。

厨房

1. 考虑到灯光颜色的温度差，厨房与用餐的区域分别开来。冲田先生喜欢做饭之后，可以暂时不管厨房的杂乱，尽情享受吃饭的时光。
2. 深灰色的长方形瓷砖的接缝也是灰色的，显得很时髦。厨房台面的边缘比台面高出一截，可以放些调味料，打扫起来也更方便。
3. 厨房旁边是食品库。

卧室

给安恩·雅各布森的"7号椅"安上了扶手。一打开窗户，舒适的风就摇动窗帘。

正因为每天都要在寝室度过很长的时间，冲田先生想在安静的卧室里享受充分的闲暇。冲田家卧室的地板上铺着地毯，照明用具只有读书灯。

寝室的书架上放着家中的藏书，还装饰有旅行中带回来的纪念品和冲田先生收藏的圆顶雪屋玩具。书架中间是步入式衣柜。

1. 从寝室的窗户可以看见海平线。
2. 有阳光照进来的玻璃格窗边装饰着海胆的骨骼、圆顶雪屋玩具和画框。

3. 走廊的墙上贴着的是浸透了"E＆Y"香料的纸。
4. 餐厅门的另一边连接着玄关和寝室。

洗面室

洗面室的主题色是白色和浅银灰色，打造出充满清洁感的空间。水龙头是安恩·雅各布森的设计。毛巾架是酒店风格。镜子后面收纳牙刷等小物品。

洗衣室

在多雨的富山，必须要有洗衣室。为了保证充分宽敞的空间，熨斗挂起来。

洗手间

尽量减少装饰，营造出简洁明快的空间，墙上的是高里千世女士的画作和若杉圣子女士的插花。

1

2

3 4

1. 配合着屋顶、雨水管和纱窗，玄关的门也涂成了黑色。
2. 简洁的玄关墙上，是林友子女士的黏土作品。铺着与大门前的通道一样的红色砖，保证了与室外景观的连续性。右边的门是寝室，左边通往起居室和饭厅。
3. 连成一排的三角屋顶，吸取了人字形屋顶和包豪斯时代建筑的精髓。
4. 通往屋内的玄关除了能营造出立体感，还能防止海风和雨水的侵蚀。

家是聚集着长爱之物、轻松生活的地方

冲田先生说自己想建一个能住一辈子的家。不追逐流行，不追赶猎奇，而是一边思考什么是长爱之物，一边建造这个家。

在建筑设计公司"五割一分"工作的他，负责住宅的销售业务以及空间的家具方案。

因为面对客人，冲田先生首先会问他们想和家人过怎样的生活、对建筑物和家具有什么样的想法，在此基础上考虑土地要怎么处置，平衡总体的预算，再提出建议的方案。

在建造自己家时，冲田先生也是这么考虑的："因为是要住一辈子的家，考虑到上了年纪以后的生活还是一楼比较好。要有一个儿童房。紧凑简洁的格局就不错。综合起来，还是平房比较适合我们。"

户型压制到最小限度的 2LDK，每个房间都打造成平衡又舒适的空间。

冲田家装修的核心理念是把建筑物本身当成一个中性的容器来考虑，选择能享受经年变化的素材。依据空间的大小，把窗户的采光和照明设置得富有美感。虽然也有把窗户开得很大的"开放式"设计，但是在卧室通过百叶窗的低调设计，可以保证私密性，从而营造出安心舒适的空间。残存在卧室里的温和气息，给家打上了充满安全感的烙印。

关于家具的选择，比起吸引人眼球的设计，冲田家还是更偏爱兼顾设计性和耐久性的"抗老型"家具。如果偏好随着时间渐渐改变，就用装饰小物和布艺制品等东西来制造变化。

冲田夫妇希望围坐在圆桌边吃饭，于是选择了中古的"B TABLE"，因为桌腿是铁的，反而刻意避开铁腿的椅子，配上汉斯·瓦格纳的"CH36"木制藤编椅子，营造出轻松的氛围。

起居室和饭厅是家人共聚时间最长的地方，坐在椅子和沙发上时，看到的都是与生活直接相关的场景，所以空间内的物品要一件一件精心挑选。

因为冲田先生喜欢皮耶罗·利索尼的设计，起居室的窗边放置了利索里的沙发，配上一直喜欢的保罗·克耶霍尔姆的躺椅"PK22"。

给起居室和饭厅增加色彩的，是瑞典的纺织品公司"KINNASAND"的地毯、富沢恭子女士的柿涩染的作品、埃贡·席勒[1]的人物画、望月通阳先生的纸型印染作品、船越桂先生的海报、海边捡的球等等。

①埃贡·席勒（1890—1918），奥地利画家，作品以爱和死为主题，表现人类生存的不安。

　　冲田先生在家中感到舒适自在的瞬间，是感受着透过百叶窗和蕾丝窗帘照进来的柔和日光，听着唱片播放出的旋律，躺在中意的沙发上看书的时候；是结束一天的工作回到家，围坐在圆桌边与家人共享美酒和佳肴的时刻。充满了中意之物的家中，时间的流逝都是幸福的。

　　到这个夏天，冲田家的房子已经落成五年。伴随着孩子的成长，儿童用品和玩具也多了起来。

　　从前婴儿围栏、玩具车等大件的东西没怎么买过，家里面包超人的玩偶和塑料玩具之类的也很少，最近冲田夫妇却觉得那些也很可爱，打算买一些回来，把儿童房装饰得动感流行一点。

　　东西多了可能会变得杂乱，但家不是用来给别人看的，只要自己能乐在其中，就是最好的。

5 专栏 COLUMN

听听室内装饰达人的话

那些爱不释手的东西

45 名室内装饰达人，分享他们爱不释手的家中之物。

001
石井佳苗 女士
室内装饰设计师

吉奥·庞蒂 作

Superleggera 椅子

　　这是引领我正式走上室内
装饰之路的椅子，也是见证了
我成长的特殊的存在。外观简
洁却有着精密的构造，里里外
外都编织得很美的藤面座位十
分出众。

002
阿相棱 先生
"RYO ASO
DESIGN OFFICE"
代表

瑞典军用

中古物件

　　我喜欢军用物件独有的凛
冽设计。我家收纳的地方很少，
所以大容量的收纳箱就派上了
用场。可以塞进去不少东西，
横着摆过来又可以做书柜和展
示柜，真是万能。我隔几年才
会整理一次，用起来很有乐趣。

003
东野南华子 女士
"ReBuilding Center
JAPAN" 主理人

Miki Masako 作

丝制画

　　我刚开始经营中古店的时候，与
同事一起去美国研修，从 Masako 本
人那里得到了这份礼物。我用旧材料
做了边框，装饰在每天早晨大家集合
的咖啡店柜台。为开店准备而疲于奔
走的时候，只要看到它，就想起自己
背负着大家的希望，要更加努力，整
个人都振奋起来。

Superleggera

Swedish Armed Forces

Silk Screen

004
石黑智子 女士
随笔作家

"NATIONAL"
"NE-R1" 微波炉

结婚的第二十年，我终于找到了理想的微波炉，设计、性能、尺寸都非常完美，已经用了十八年。为了不让它损坏，加热的时候我们小心地转计时器，不因为着急人为把计时器转到零。

Microwave

005
石川博子 女士
"Farmer's Table" 店主

铝制的水壶

平时经常用电水壶，偶尔把铝水壶放在炉子上，看着开水"咻咻"地沸腾的样子，真是看不够。我喜欢它的形状，觉得它是幸福的象征，许多年都舍不得扔掉。

Aluminum Kettle

006
石川敬子 女士
"FILE" 代表

Christiane Perrochon 作
器皿

二十几岁的时候，在原宿 KIRA 街上的 "KATORINU MEMI" 里咬牙买下的器皿，是我使用时间最长的心爱之物。托它的福，我意识到要把食物盛装得漂亮，使之成为视觉享受，并且在使用过程中能让人时时感受到珍惜物品的喜悦。

Christiane Perrochon

007
宇野昇平 先生
"工艺品与道具 SML"
装饰家

成井恒雄 作
水壶

这个水壶的制作者是益子的知名陶工——已故的成井恒雄先生。因为壶口很小，看起来做什么都不合适，却又好像做什么都可以。通过这个造型自由的壶，我接触了更多成井先生的其他作品，也了解了他的工作方法和为人，这就是从一见钟情到一生相许吧。

Tsuneo Narui

008
上野朝子 女士
现居纽约 随笔作家

狗的肖像画

在圣迭戈的中古商店里，喜欢狗的我一下就被这幅画吸引了。画的背面写着此画作于1971 年，画中狗的名字叫菲利普，是马里兰州一家医院的治疗犬。了解画作背后的故事，会更珍爱作品。

Vintage Painting

009
稻穗浩司 先生
"karf" 宣传

布吉·莫根森 作
J-39 Borge Mogensen

刚入职的时候，我买了人生中一件昂贵的家具。虽然既没有知识也没有预算，只是心血来潮的消费。我家室内装饰的风格就是参照这个椅子进行的。同事帮忙把椅子上的纸垫给换了，改造后更加舒适。

Borge Mogensen

010
久保田由希 女士
现居柏林 作家

20 世纪 60 年代丹麦制
立式灯

2010 年夏天我在柏林的古董店里发现了这个灯，喜欢 20 世纪 60 年代产品设计风格的我马上就买下了。连接支柱和灯的树脂制零件坏了，就换上相似的木制零件继续用。

Danish
Floor Lamp

011
大森木棉子 女士
插画家

"工人船工房"
竹篮

这个篮子编织得十分精细，形状朴素，但很耐用，是我在"松本手艺人"上订购的。每天拎着它出门买东西，都能给我装回来点小确幸。

Koujinsen Kobo

012
大谷优依 女士
室内装饰设计师

"CULTI"
室内香氛

我喜欢这种充满自然温柔香味的意大利香氛。"THE"香氛中添加了佛手柑油——这在煎茶和格雷伯爵茶①中也有使用；"MOUNTAIN"香氛则让人享受森林浴般的清新感。

Room
Fragrance

①格雷伯爵茶是以中国正山小种或锡兰红茶等优质红茶为基茶，加入佛手柑油的一种调味茶。格雷伯爵茶是当今世界最流行的红茶调味茶，也是"英式下午茶"最经典的饮品。

013
小林夕里子 女士
"IDEE"
VMD 视觉营销

丹麦制
中古台灯

大约十五年前，丹麦寄宿家庭的主人送给我这盏灯。他家的房子和家具都是一代代传下来的，这个台灯也是。回国后我马上开始了一个人的生活，这盏灯也成了我改变自己的契机。

Antique
Table Lamp

014
小竹千景 女士
"Living·Motif"展示

"Glas & Licht"
马特峰②圆顶雪屋

小时候，每年初雪堆积的早晨，我都会飞一般地起床，然后眺望窗外。看到这摆件就能立刻回忆起那时的情景。造型师长年都用它做摄影道具，我愈加喜欢，就给怀旧的自己买了一个。

Glas & Licht

②马特峰，亦称马特洪峰，阿尔卑斯山系最著名的山脉之一，地跨瑞士和意大利之间的边界。

015
约瑟卡·TOMO 女士
摄影师、"KYUMAN"店主

"Arabia"的
"Kasino"系列咖啡杯和杯托

我喜欢它们那让人想起牛仔和蓝染的深蓝色，以及简洁又耐用的特性。这些杯具与我经营的咖喱店所使用的黄色盘子也很搭，我想以后店里也卖咖啡的话，就用这些杯子，于是看到就买了许多组。

Arabia

016
泽 AKIHIRO 先生
"AndoRope"
品牌推广、装饰家

"Werner"
凳子

把它放在玄关，穿脱鞋子的时候坐着很方便。穿脱鞋子对我来说就是"开始工作"和"进入放松"的开关，多亏了这把凳子，让我平顺地切换工作与家庭生活的模式。

017
坂本真纪 女士
"musubi" 店主

玻璃制
小鸡摆件

当时在上小学一年级的女儿，为了庆祝我的生日，在旧道具店里买了这个摆件，在我生日前一个月就藏了起来。当我发现她是这么一个用心的孩子时非常感动，对女儿的心意和成长充满了欣慰。收到后我一直把它放在工作桌旁，时时看到，时时暖心。

018
近藤友美 女士
"TOKIIRO"
植物造型师 & 买手

竹村良训 作
一只插瓶

多年前开始收集竹村先生的作品，拜托他配合店里的主题色做出这个灰色的一只插瓶。它与多肉植物的花和茎比想象中还要般配。为了随时能看见，我把它装饰在厨房，每次看到都会为它的美丽而心动。

019
铃木千惠子 女士
香草种植者

"宜家"
茶壶

对于每天都喝花草茶的我来说，"宜家"茶壶是不可或缺的。因为是耐热玻璃做的，能很好地观察茶水的颜色。装饰简洁，洗起来也容易。我有一大一小两个，平时自己用小的，有客人来的时候用大的。

020
杉村聪 先生
"Point No.38"
"Point No.39" 店主

美国 GE 公司
一百年前的电灯泡

一百年前电灯泡开始在一般家庭中普及，电灯泡开始了"一天二十四小时"的革命。旧灯泡能让人想起光明的珍贵和人们的努力，每当我想要回望初心的时候就看看它。

021
JETTT 先生
"JETMINMIN"

"JETMINMIN" 店主
三人座沙发

这是我自己设计的沙发，有粗厚的铁制骨架和油画布一样的表面。搬家的时候为了运这个沙发，从滨松搬到东京，我和妻子累得半死。正是它支持了我们的家。

022
关根由美子 女士
"fog linen work"
代表

023
关洋之 先生
"Akutasu" 展示

024
Suparou 圭子 女士
"食之工作室Suparou"
主理人、料理研究家

"fog linen work"
麻制床上用品

　　每当我躺在刚洗好的亚麻床单上时，总是不由自主觉得"做这份工作真好"。商品的清爽感和轻柔的肌肤触感都很棒，我已经复购超过二十年了。去国外出差住在朋友家时，还会送给朋友作为礼物。

"iittala"
"Kartio" 系列玻璃杯

　　差不多二十年前，我开始收集当时经典的蔚蓝色款玻璃杯。出了新颜色和限定色我都会收集，现在已经收藏了二十二种颜色的超过三十个玻璃杯。

法国 "Matfer"
铜制果酱锅

　　应季的果酱我都是用这个锅来做的。因为锅子是铜制的，热传导性好，短时间内施加均匀的火力，可以在一瞬间锁住美味和香气。丈夫 YUYA 做标签设计后原创果酱的销量也增加了，顾客都很喜欢。

025
土器典美 女士
"DEE' S HALL"
主理人

026
谷省二 先生
"Landschapboek"
店主

027
谷 Akira 先生
"Orune De Foiyu"
店主

自己雕刻的
工艺品

　　我主持雕刻家前川秀树先生的讲习班有十年了，总是看着别的参加者制作作品，最后一次参与时为了纪念这段经历，我也亲身参与了。因为是边想着这十年来的回忆边雕刻，而今看到它，十年来的记忆瞬间复苏。

"Rapala"
拔塞器

　　这是妻子在东京都内的钓具店买的，是法国钓具制造商生产的产品。我去欧洲采购古董时带着它，有空的时候就去钓鱼，那时候用它打开的啤酒是最棒的！有法国人想要买下，百般央求，都被我果断拒绝了。

打扑克牌的松鼠标本

　　这是我在法国的跳蚤市场上邂逅的标本。过去觉得剥制标本很恐怖，但这个物件却让人忍俊不禁，想把它摆在家中。有一段时间我把它放在店里，客人们也爱不释手。

028
Namikimio 女士
"MION JEWELRY"
主理人

父亲做的
植物挂件

翻新公寓的时候，我让喜欢做木工的父亲动手做了这个。形状参考了国外的室内装饰博客，装饰在单调的天花板附近，给空间增添了一抹绿色。

Hanging Frame for Plants

029
中村明珍 先生
"顺道去集市"
主理人

"富士"牌
"Mirukko"咖啡研磨机

从东京搬到人口稀少的地域（山口县·周防大岛），不能随时随地、轻轻松松地喝到咖啡，于是就买了咖啡机自己研磨。这台咖啡机已经成了我家不可缺少的室内物品，每天用磨好的咖啡豆泡咖啡，发觉自己家的咖啡才是最棒的。

Coffee Mill

030
长坂磨莉 女士
室内装饰造型师

"松下"
盒式卡带收音机

不论是早晨起床，还是晚上回家，首先把收音机打开是我的生活习惯。这个盒式卡带收音机是在中目黑的"waltz"商店买的，我很喜欢它紧凑简洁的设计。收音机里播放我喜欢的音乐时，我就把它们录到卡带上。

Radio-Cassette Recorder

031
樋口智惠子 女士
声优、演员

"Royal Sussex"的
木编篮子

这是如今英国还在手工制作的田园木编篮。在北海道的牧场采摘早饭用的蔬菜、装点简单的食物带去野餐时，我会选择不同尺寸的木编篮子。这些篮子年复一年，越用越顺手，手感也更好了。

Royal Sussex

032
野口礼 先生
"Akutasu"买手

二手
折叠式椅子

这是 20 世纪 50 年代丹麦制的凳子。设计师是 Peter Hvidt & 和 Orla M.Nielsen。大约十五年前我在丹麦的商店发现它，巨匠设计师的作品居然只要一万日元！因为我还没有独自生活，所以平时不怎么用，但它是我无论如何也不能放手的一件心爱之物。

Peter Hvidt &
Orla M.Nielsen

033
根本希子 女士
助理厨师

"Kaniman 锻冶工房"
菜刀

这是我在冲绳路边的车站买的。刀具用割草机的刀刃等废旧材料制作，体现出惜物的冲绳人的"造物"精神，充满原始味道的样子很有魅力。切起菜来自不必说，磨刀的时候也很有乐趣。

Kaniman Kajikobo

034
本间节子 女士
点心研究家

水野博司 作
小茶壶

④常滑，位于爱知县知多半岛的西海岸，自古以来就以陶瓷器和海苔养殖闻名于世。

去常滑④旅行的时候，拜访了水野先生本人的宅邸。我们一边谈观，一边泡茶、喝茶，然后我把这个充满回忆的小茶壶带回了家。壶嘴看着不大，但不会被细小的茶叶堵塞，倒茶很顺畅，不愧是茶壶匠人的用心之作。它与我家的其他茶具也很搭，对于喜欢茶的我来说，是不可或缺的东西。

Hiroshi Mizuno

035
保里正人 先生
"SANKU"
代表设计师、
"Samueruwarutu"
店主

"Ercol"
折叠椅

大约二十年前，我没有积累多少关于家具的知识，但本能地被这韵味深长的素材和久看不腻的形状俘虏了。这把椅子是我作为买手第一次从家具身上获得巨大的灵感，是我职业生涯的起点。

Ercol
Stacking
Chair

036
海泽·布拉金 女士
家居 & 生活 造型师

比利时的
古董柜子

我在比利时第一次买的房子的阁楼里发现这个柜子。那个房子19世纪的时候是一家药房，柜子前后都有玻璃，所以我想那应该是个药品陈列柜。搬到日本时我带上了它，里面装满了我在比利时二十五年的回忆。

Belgian Antique

037
松竹智子 女士
"深草" 店主、
食物造型家

"Eames"
椅子

一直在找心仪的椅子，十八年前买下了它，虽然曾经椅子腿坏了不能再坐，我还是自己把它修好又继续使用了。椅子浸透了我的心思，从今往后我也会继续珍惜地使用。

Eames
Chair

038
松田行弘 先生
"BROCANTE" 店主、
园艺师

法国
古园艺书

这是我在法国南部的跳蚤市场上发现的，发行于1948年、B6纸规格的园艺书。我尤其被其中有关果树的培育方法所吸引——这些方法在日本是没听过的，凭借着丰富的插图和我蹩脚的法语水平，希望花点时间能够看明白。书经历时间变成了深棕色，也很适合放在家里作为装饰。

Antique Book

039
松尾 Miyuki 女士
插画家

"Ashford"
纺车

《格林童话》中耳熟能详的手纺车可以把羊毛纺成线，我被这样的手工作业所吸引，今年开始学习手工纺织。转着喜欢的纺车工作的时候，心无杂念。把纺好的线在织机上织出布，是我想一辈子坚持下去的爱好。

Ashford

243

③日本地面电视信号数字化为日本总务省推行的科技工程之一，将模拟电视信号完全平移至数字信号。地面数字电视放送与原先的模拟电视相比，画面、声音质量得到很好的提升，抗干扰能力更强，信息更丰富便利。

040

MINMIN 女士

"JETMINMIN"
店主

"JETMINMIN" 的

"2011-12" 原创吊灯

2011 年是地面电视信号数字化③的年份，所以我们给这个作品系列起名为"2011"，它是我们夫妇的处女作。制作的时候正好是信号数字化的衔接期，我们就收集光屏管电视机的废旧光屏管，稍微做了些改进，做出了这盏灯。

JETMINMIN

041

沟上良子 女士

家具屋"木印"
店长

成田理俊 作

铁煎锅

2016 年，我因为展示会的工作遇到了这口锅，如今已经用了好几年。铁能很好地让油发挥热力，拿起来很轻便，构造简洁，非常好用。做煎蛋卷和煎饺的话，没有它我就做不好。

Takayoshi Narita

042

松本直也 先生

"CRASH GATE"
装饰家

印度制

水牛皮拖鞋

整理自己家的东西时，找到了这双在室内穿的、耐用的拖鞋。两片厚厚的皮革叠在一起，用粗线仔细地手工缝制，穿了五年多基本没有损坏的地方。原本很硬的牛皮慢慢变软了，穿上也更舒适了。

Buffalo
Leather Slippers

045

山本美文 先生

木制工艺品作家

自制

小鸟工艺品

这是我一直敬为师父的画家先生制作的工艺品。在我从事现在的工作之前，看到那位画家在画画的间隙做木工，我产生了兴趣，于是开始自己创作。为了提醒自己无论何时都不忘初心，我现在还把它装饰在工作室里。

Bird's Objet

044

安井拓 先生

北欧家具店"Favor"
店主

汉斯·瓦格纳

古董椅子 "CH30"

刚开店的时候，我从关系很好的经销商那里得到了一把二手椅子。从丹麦带回来以后，我把它打磨干净、上了油、洗一洗，又变得闪闪亮亮了。经过了这些步骤，我对它更加迷恋了。

Hans
J.Wegner

043

矢口纪子 女士

室内装饰造型师

"Kit-Cat Klock"

钟摆时钟

这是我大约十五年前买的挂钟。因为特别喜欢猫的设计，觉得非常可爱就买下来了，但一直没有挂的地方，就这么放了快十年。猫的眼睛和尾巴已经不能动了，但这个钟还在为我家服务呢，它可爱又有点可怕的表情令人印象深刻。

Kit-Cat Klock

"家，就是身体被喜欢的东西包围，而心能够深呼吸的地方，也是我们确认自己的身份和定位的场所。"

（山田容弘先生）

　　"旧家具们是跨过时代、渡过大海才来到这里的，想到这点自然觉得'感谢你们一路奔波到我家'。所以，让家具看上去'在这个家里待得很舒服'，打造一个人与物品都生机勃勃的空间，是我装修的主题。"

（Miki 女士）

　　"正因为植物会枯萎，所以才必须珍惜。可能正因为有了植物，我们才会在生活中注重细节的变化。"

（Y 先生）

　　"我不希望自己的家在刚刚建成时最好看，而是能随着时间流逝越发美丽。现在我家虽然看上去像个白色的箱子，但之后的日子里，家人能够根据各自的喜好，给它增添色彩。我希望能够一边住着一边增添修改，在真实的生活情境中充分地栖居。"

（松山美纱女士）

设　　　计｜山本洋介（MOUNTAIN BOOK DESIGN）

插　　　画｜中村雅纪（书皮、书腰、封面、实例页）

　　　　　　平野畅达（p001, p054-055, p124-125）

摄　　　影｜西田香织（彩插, p102-111, p112-123, p134-141, p152-161, p184-195,
　　　　　　p208-221, p222-235）

　　　　　　松井弘（彩插, p012-021, p092-101, p196-207）

　　　　　　野吕知功（彩插）

　　　　　　香西润（p002-011）

　　　　　　坂上正治（p022-031）

　　　　　　千叶充（p056-081, p237）

　　　　　　卫藤清子（p126-133）

　　　　　　砂原文（p162-171）

　　　　　　松竹修一（p172-183）

　　　　　　千叶亚津子（p238, p244）

　　　　　　永田智惠（p242）

　　　　　　泽崎信孝（p243）

　　　　　　丰田都（p243）

　　　　　　清永洋（p236）

　　　　　　主妇之友社写真部：

　　　　　　佐山裕子（p032-041, p042-053, p238, p240）

　　　　　　黑泽俊宏（p082-091, p239, p244）

　　　　　　柴田和宣（p142-151）

　　　　　　土屋哲朗（p242）

英　　　文｜Sarah·Gary

协　　　力｜宫下亚纪、星野真希子、佐佐木由纪、西谷友里加

取材·文章｜增田绫子（p002-011, p042-053, p064-071）

　　　　　　吉永美代（p012-021, p208-221）

　　　　　　高桥由佳（p056-063, p072-081, p134-141, p142-151, p237-244）

　　　　　　秋山香织（p102-111）

　　　　　　藤沢灯里（p112-123, p162-171）

　　　　　　多田千里（p126-133, p237-239, p242, p244）

　　　　　　小沢理惠子（p172-183, p196-207）

　　　　　　平井聪美（p184-195）

校　　　对｜北原千鹤子

责 任 编 辑｜东明高史（主妇之友社）

图书在版编目（CIP）数据

舒适的家，自在的你 / 日本主妇之友社编 ；苍绫译. -- 北京：
北京时代华文书局，2021.9
ISBN 978-7-5699-4140-1

Ⅰ. ①舒… Ⅱ. ①日… ②苍… Ⅲ. ①室内装饰设计 Ⅳ. ①TU238.2

中国版本图书馆CIP数据核字(2021)第175758号
北京市版权局著作权合同登记号　图字：01-2019-0536

心地いいわが家のつくり方02好きから始めるインテリア

©SHUFUNOTOMO CO., LTD. 2018
Originally published in Japan by Shufunotomo Co., Ltd
Translation rights arranged with Shufunotomo Co., Ltd.
Through CREEK & RIVER CO., Ltd. and CREEK & RIVER SHANGHAI Co., Ltd.

舒适的家，自在的你
SHUSHI DE JIA, ZIZAI DE NI

编　　者｜[日] 主妇之友社
译　　者｜苍　绫

出 版 人｜陈　涛
选题策划｜陈丽杰　仇云卉
责任编辑｜袁思远
执行编辑｜仇云卉
责任校对｜凤宝莲
封面设计｜AKI JIANG
内文版式｜孙丽莉
责任印制｜訾　敬

出版发行｜北京时代华文书局 http://www.bjsdsj.com.cn
　　　　　北京市东城区安定门外大街 138 号皇城国际大厦 A 座 8 楼
　　　　　邮编：100011　电话：010-64267955　64267677
印　　刷｜河北京平诚乾印刷有限公司　010-60247905
　　　　　（如发现印装质量问题，请与印刷厂联系调换）
开　　本｜710mm×1000mm　1/16　印　张｜16.5　字　数｜102千字
版　　次｜2022 年 1 月第 1 版　　印　次｜2022 年 1 月第 1 次印刷
书　　号｜ISBN 978-7-5699-4140-1
定　　价｜79.00 元